U0158006

地震海啸危险性分析导论

任鲁川　赵联大　刘　哲　著

科学出版社

北　京

内 容 简 介

本书内容涵盖地震海啸危险性分析原理、模型、方法和应用，包括：海啸与海啸灾害的特征、全球地震海啸源分布、全球海啸灾害概况；潜在地震海啸源界定；地震活动性模型构建；地震海啸生成模式；海啸波传播控制方程；地震海啸数值模拟原理、模型、方法及应用案例；地震海啸危险性分析和不确定性分析原理、方法及应用案例。

本书可供海洋科学、地球科学以及防灾减灾管理领域科研人员和高等学校师生参考。

审图号：GS京（2022）0690号

图书在版编目（CIP）数据

地震海啸危险性分析导论 / 任鲁川，赵联大，刘哲著. —北京：科学出版社，2022.9

ISBN 978-7-03-072956-9

Ⅰ. ①地… Ⅱ. ①任… ②赵… ③刘… Ⅲ. ①地震—研究②海啸—研究 Ⅳ. ①P315 ②P731.25

中国版本图书馆 CIP 数据核字（2022）第 155469 号

责任编辑：王 运 崔 妍 柴良木 / 责任校对：崔向琳
责任印制：吴兆东 / 封面设计：图阅盛世

科学出版社 出版
北京东黄城根北街 16 号
邮政编码：100717
http://www.sciencep.com

北京中科印刷有限公司印刷
科学出版社发行 各地新华书店经销
*
2022 年 9 月第 一 版 开本：787×1092 1/16
2022 年 9 月第一次印刷 印张：12 3/4
字数：300 000

定价：178.00 元
（如有印装质量问题，我社负责调换）

前　　言

　　就造成的人员伤亡之众和经济财产损失之巨而论，地震海啸无疑是一种重大自然灾害。因其发生频率较低，而且具有突发性，往往令人类社会猝不及防。

　　如何最大限度地防止地震海啸灾害，减轻未来可能遭遇的地震海啸灾害损失，已受到全球特别是有关沿海国家的高度重视。进入 21 世纪以来，特别是在给人类社会造成极大震撼的 2004 年印度尼西亚苏门答腊地震海啸和 2011 年日本东北地区地震（东日本大地震）海啸发生之后，关于地震海啸的研究成为海洋学界和地震学界的研究热点，地震海啸灾害的防范重点也由"灾中预警为主"逐渐将关口前移，变为"灾中预警"与"灾前预防"并重，包括地震海啸危险性分析在内的海啸灾害风险评估成为有关沿海国家防灾减灾工作的重要内容。

　　发生大洋和海域地震是触发海啸的主要原因，此外海底火山喷发、海底滑坡、陨石坠落海域，甚至大洋和海域人工爆破也能触发海啸。由地震触发的海啸占绝大多数，导致的损失也最为严重，在海啸导致的总损失中占相当大的比例。根据联合国教育、科学及文化组织（简称联合国教科文组织）的统计，自 20 世纪末上溯 2000 年，有史料可查的海啸共计 1422 次，其中地震海啸达 1171 次，占总次数的 82.3%；各类海啸导致死亡总人数为 462597 人，而其中地震海啸导致死亡人数总计 390929 人，占死亡总人数的 84.5%。如果将 2004 年的印度尼西亚苏门答腊地震海啸导致约 280000 人死亡和 2011 年日本东北地区地震海啸导致 18000 余人死亡的人数统计在内，则历史上地震海啸导致的死亡总人数将增至近 690000 人，占海啸导致死亡总人数的比例也将增至 90.6%以上。

　　全球各个大洋，历史上均有海啸发生。根据美国国家地球物理数据中心（NGDC）的统计，截止到 2005 年底，历史上的海啸事件，82%发生在太平洋，10%发生在地中海、黑海、红海和东北大西洋，5%发生在加勒比海和西南大西洋，1%发生在印度洋，1%发生在东南大西洋；因为全球 90%的海底大地震发生在环太平洋地震带，所以太平洋沿岸是全球地震海啸的多发区。

　　许多国家的沿海地区经济发达、人口稠密，基础设施密布，在经济社会发展中具有重要地位。但不幸的是，一些这样的沿海地区时常遭受地震海啸袭击，甚至发生重大人员伤亡、经济损失、设施损毁和环境破坏。中国东南部沿岸地区和部分中国近海岛屿的近岸地区，大都是经济发达、人口分布稠密的区域，这些区域历史上曾遭受地震海啸的侵袭并导致灾害发生，不能排除未来发生重大地震海啸灾害的可能性。

　　自 20 世纪 70 年代初以来，许多学者致力于探讨地震海啸的生成机制和致灾机制，研究内容包括：触发海啸的海底地震震源机制；海底地震引起的海床变形以及海床变形触发海水层中海啸波生成的机制；海啸波在深海大洋区域和近岸浅海区域传播特征；等等。从 20 世纪 90 年代开始，美国、日本、中国等沿海国家先后研发用于海啸数值模拟的海啸数值模型，为海啸生成机制研究、海啸监测网络设置、海啸危险性分析、海啸灾害风险评价以及实时海啸预警等提供关键技术支撑。

本书内容涵盖地震海啸危险性分析原理、模型、方法及应用。全书共 11 章。第 1 章绪论，介绍海啸与海啸灾害、全球海啸灾害概况、中国沿海地区的历史海啸事件，由任鲁川、赵联大执笔。第 2 章，讨论地震海啸的生成条件和致灾条件、潜在地震海啸源界定方法、全球地震海啸源分布，介绍中国海及其邻域潜在地震海啸源的初步界定结果，由任鲁川执笔。第 3 章，介绍、讨论地震海啸生成模式构建原理和方法，由刘哲、任鲁川执笔。第 4 章，介绍海啸波传播控制方程，由赵联大、任鲁川执笔。第 5 章，介绍地震海啸数值模拟的原理、模式、方法及应用案例，由赵联大执笔。第 6 章，介绍潜在地震海啸源地震活动性模型的构建原理、方法及应用案例，由任鲁川、刘哲执笔。第 7 章，讨论地震海啸危险性概率分析的原理与方法，由任鲁川执笔。第 8 章，介绍、讨论了地震海啸数值模型的不确定性和敏感性分析原理和方法，由任鲁川执笔。第 9 章，介绍了地震海啸危险性概率分析案例，由刘哲执笔。第 10 章，介绍、讨论了应用局域敏感性分析方法进行地震海啸数值模拟不确定性分析的案例，由任鲁川执笔。第 11 章，介绍、讨论了应用全域敏感性分析方法进行地震海啸不确定性分析的案例，由任鲁川执笔。附录主要为敏感性分析的 MORRIS 方法和 E-FAST 方法原理，由任鲁川执笔。此外，田建伟、张锟、洪明理、霍震香参与了地震活动性模型构建和地震海啸危险性分析的部分工作；田建伟承担了本书第 11 章部分分析、计算工作。全书由任鲁川负责统稿。

本书即将付梓之际，感谢中国地震局原副局长修济刚研究员，对相关研究工作给予的关心和支持；感谢国家海洋环境预报中心主任于福江研究员、中国地震局工程力学研究所温瑞智研究员、中国地震局地球物理研究所刘瑞丰研究员、中国地震局工程力学研究所任叶飞博士，就地震海啸监测、预警、危险性分析的有关问题，与作者多次讨论、交流，并提出宝贵的意见和建议；感谢国家海洋环境预报中心王培涛副研究员，在地震海啸数值模拟和案例研究方面提供的帮助。

本书涉及的部分研究工作，得到国家自然科学基金项目"地震海啸危险性分析不确定性估计的全局敏感性分析"（编号 41276020）、国家海洋局中国近海资源与环境调查（908）专项"海洋灾害对沿海地区的社会经济发展影响评价"（编号 908-ZC-I-15）、中国地震局专项基金项目"地震海啸波高与到时对潜源参数的敏感性分析"（编号 20100119）的资助。感谢国家自然科学基金委员会、中国地震局、国家海洋环境预报中心提供的支持和资助。

囿于作者的学识和能力，书中难免出现疏漏，敬请读者批评指正。

作　者

2021 年春于北京

目　　录

第1章 绪 论

本章简要介绍海啸和海啸灾害的特征、全球海啸和海啸灾害概况，以及中国沿海地区历史海啸记录。

1.1 海啸与海啸灾害

1.1.1 海啸

海啸，指位于大洋和近海海域的水体，因受到突发的扰动而偏离了原来的平衡位置，又在重力的作用下趋于向原来的平衡位置恢复，所形成的由生成区向外传播的一类波动。这里所说的突发的扰动被称为海啸成因。海啸成因包括海底地震、海底滑坡、海底火山爆发、陨石和其他外来天体落入海洋。上述这些成因中，海底地震最为常见，海底滑坡、海底火山爆发多见，陨石和其他外来天体落入海洋罕见。此外，大洋水体中的人为爆破达到一定的强度和规模，也可成为海啸的成因。

海啸的英文是"tsunami"，源自日语"津波"，其中的"nami"，日语原意指海浪；其中的"tsu"，日语原意指海湾、港口，"tsu"和"nami"合起来，译为"海湾中的浪"（wave in the harbor）。目前，英文科学文献中广为采用 tsunami 一词表示海啸，通俗大众传媒有时也用以往曾流行过的其他说法，如用"high tide wave""seismic sea wave""seaquake"表示，有时甚至用古代欧洲的说法"zeebeben"或"maremoto"表示。

规模大或较大的地震海啸，多是由位于大洋和近海海域的俯冲带浅震源地震引起海底突发变形，强烈地冲击大洋和近海海域的水体产生的。

在大洋中传播的海啸，可以被视为一系列具有较长波长和较长周期的行波。当海啸传播至浅水区域和近岸低洼区域时，由于局地海底地形的影响，波形会变得陡峭，甚至出现激烈破碎。

1.1.2 海啸灾害

由于海啸在大洋深水区域长距离传播过程中损耗能量占比很小，所以达到一定规模的海啸，能穿越宽阔的大洋和海域，传至近岸区域，导致灾害发生，甚至造成大量设施损毁和重大人员伤亡。

海啸的致灾因素主要有：①海水淹没；②海浪对构筑物和建筑物的冲击；③海水对海岸和近岸地区的冲刷和侵蚀。

当人们躲避不及而被困在汹涌的、充满残骸的海啸波浪中时，溺水、身体撞击或其他创伤会导致伤亡。强烈的海啸所引发的洋流可以导致地基的侵蚀、桥梁和海堤的坍塌。海啸波的冲击力和拖曳作用，能移动甚至冲毁房屋，掀翻火车，摧毁框架结构建筑物和其他类型的建筑物。海水中随波漂浮的碎片、船只、汽车和树木，会像失控的抛射物一样，撞向建筑物、码头和其他交通工具，造成损毁和破坏。即便是强度不大的海啸，其所引起的巨浪也可能损毁港湾停泊的船只和港口设施。此外，由海啸导致的石油泄漏或港口受损船舶燃烧、近海储油和炼油设施破裂所引起的火灾，可能造成比海啸直接损失更大的间接损失。海啸造成的污水和化学物质泄漏可能导致严重的环境污染，造成严重的次生灾害。海啸造成的通风设施、排放设施和储存设施的损坏也有引发次生灾害的危险。海啸的袭击可能会引起近岸核电设施的放射性物质泄漏，造成后果极为严重的环境污染（《海啸手册》，2013 年，巴黎，联合国教科文组织政府间海洋学委员会）。

1.2　全球海啸灾害概况

1.2.1　全球各大洋海啸发生率

历史上，全球各个大洋均有海啸发生。根据美国国家地球物理数据中心（NGDC）的统计（《海啸手册》，2013 年，巴黎，联合国教科文组织政府间海洋学委员会；丁一汇和朱定真，2013），截至 2005 年底，历史上有记载的海啸事件，82%发生在太平洋，10%发生在地中海、黑海、红海和东北大西洋，5%发生在加勒比海和西南大西洋，1%发生在印度洋，1%发生在东南大西洋；因为全球 90%的海底大地震发生在环太平洋地震带，所以太平洋沿岸是全球地震海啸多发区。

1.2.2　海啸类别的划分

依照海啸受袭地与海啸源距离的远近，或依据海啸波由海啸源传至受袭地所需时间的长短，可将海啸划分为三个类别：①局地海啸（local tsunami）；②区域海啸（regional tsunami）；③越洋海啸（teletsunami or distant tsunami）。

（1）局地海啸：源自附近海啸源的海啸，受袭击地区与海啸源的距离在 100km 以内，海啸波由海啸源传播至受袭击地区所需时间小于 1h。这类海啸通常由地震引起，也可由海底滑坡或海底火山喷发引起。历史上，90%的海啸伤亡是局地海啸造成的。

（2）区域海啸：在特定地理区具有破坏性的海啸，一般海啸受袭击距离海啸源1000km 以内，或海啸从海啸源传播至受袭击地区的时间在 1~3h 内。这类海啸偶尔也会对该地区以外的地区造成非常有限的局部破坏和影响。

（3）越洋海啸：来自较远的海啸源的海啸，一般受海啸袭击地区与海啸源的距离超过 1000km，或海啸传播至受袭击地区的时间超过 3h。这类海啸通常是最初在海啸源区附近造成大规模破坏的局地海啸，然后海啸继续穿越整个海洋盆地，其能量足以对距离震源 1000 多千米的海岸造成额外的伤亡和破坏。历史上所有的越洋海啸都是大地震引起的，与区域海啸相比，发生频率较低，但危害更大。

大多数破坏性海啸可归类为局地性的或区域性的。许多与海啸有关的人员伤亡和相当大的财产损失也来自这些海啸。历史上，90% 的海啸伤亡是局地海啸和区域海啸造成的。仅 1975～2012 年，全球就发生 39 次局地海啸或区域海啸，造成 26 万人死亡，财产损失数十亿美元；其中 26 个发生在太平洋及其邻近海域（表 1.1～表 1.3，《海啸手册》，2013 年，巴黎，联合国教科文组织政府间海洋学委员会）。

1.2.3　历史海啸灾害统计

若按海啸成因考察，在历史上发生的各类海啸中，地震海啸占比最大，导致人员伤亡最多，造成的损失最严重。海啸资料统计显示，自 20 世纪末上溯 2000 年，有史料可查的海啸 1422 次，其中地震海啸达 1171 次，占总次数的 82.3%；各类海啸导致死亡总人数为 462597 人，其中死于地震海啸的总计 390929 人，占死亡总人数的 84.5%；如果将 2004 年的印度尼西亚苏门答腊地震海啸导致的约 280000 人死亡和失踪人数统计在内，则至 2004 年底，地震海啸导致死亡和失踪的总人数增至近 690000 人，在各类海啸中占比将增至 90.6%（Dengler，2002）。

进入 21 世纪以来，全球已发生了两次巨大的越洋地震海啸，分别是 2004 年印度尼西亚苏门答腊地震海啸和 2011 年日本东北地区地震海啸。这两次大海啸都造成了重大的人员伤亡和经济损失以及难以消除的环境污染和破坏。

2004 年 12 月 26 日，印度尼西亚苏门答腊北部以西近海的海底发生 $M_w9.1$ 特大地震，这是自 1889 年人类第一次用现代地震仪记录到远震信号以来，所记录到的震级排行第三大地震。这次地震触发了印度洋特大海啸，海啸波在一些近岸地区高达 10m 以上，其中的印度尼西亚班达亚齐海岸海啸波高达 24m，爬高达 30m。这次特大海啸袭击了印度洋沿岸的印度尼西亚、斯里兰卡、印度、泰国、孟加拉国、马尔代夫、毛里求斯等 10 余个沿海国家或岛国。海啸袭击过的地区，大量建筑物和基础设施被毁。据地震海啸发生不久后联合国的不完全统计，即已有超过 23 万人在这次特大地震及由其触发的大海啸灾难中丧生或失踪，1126900 人顿失家园，受灾国的经济损失极其惨重、难以计数。这是全世界近 200 多年来造成死伤最惨重的海啸灾害。

2011 年 3 月 11 日，在日本东北部太平洋海域发生了 $M_w9.0$ 地震。此次地震为历史上第五大地震，仅次于 1960 年智利瓦尔迪维亚 9.5 级地震、1964 年美国阿拉斯加州威廉王子湾 9.2 级地震、1957 年美国阿拉斯加州安德烈亚诺夫群岛 9.1 级地震、2004 年印度尼西亚苏门答腊岛外海域 9.1 级地震。此次地震引发的巨大海啸对日本东北部岩手县、宫城县、福岛县等地造成毁灭性破坏。据日本警察厅统计，截至 2012 年 3 月 10 日已造成 15270 人死亡，8499 人失踪，数万人受伤，约 100000 间房屋倒塌。此外，还使位于东京东北约 225km 的福岛县的福岛第一核电站发生放射性物质泄漏和氢气爆炸，多人受到核辐射伤害，造成附近陆地和海洋的严重污染（陈运泰，2014）。

表 1.1　1975 年以来造成人员死亡的区域和局域海啸

年	月	日	海啸源位置	估计死亡/失踪人数
1975	10	31	菲律宾海沟	1
1975	11	29	夏威夷，美国	2
1976	08	16	莫罗湾，菲律宾	4376
1977	08	19	松巴哇岛，印度尼西亚	189
1979	07	18	龙布陵岛，印度尼西亚	**1239
1979	09	12	伊里安查亚，印度尼西亚	100
1979	10	16	里维埃拉，法国	**9
1979	12	12	纳里尼奥，哥伦比亚	*600
1981	09	01	萨摩亚群岛	2
1983	05	26	能代市，日本	100
1988	08	10	所罗门群岛	1
1991	04	22	利蒙，哥斯达黎加	2
1992	09	02	尼加拉瓜近海	170
1992	12	12	弗洛勒斯海，印度尼西亚	1169
1993	07	12	日本海	208
1994	06	02	爪哇岛，印度尼西亚	250
1994	10	08	哈马黑拉岛，印度尼西亚	1
1994	11	04	阿拉斯加斯卡圭，美国	**1
1994	11	14	菲律宾群岛	*81
1995	05	14	帝汶岛，印度尼西亚	11
1995	10	09	曼萨尼约，墨西哥	1
1996	01	01	苏拉威西岛，印度尼西亚	9
1996	02	17	伊里安查亚，印度尼西亚	110
1996	02	21	秘鲁北部	12
1998	07	17	巴布亚新几内亚	2205
1999	08	17	伊兹米特湾，土耳其	155
1999	11	26	瓦努阿图群岛	5
2001	06	23	秘鲁，南部	26
2004	12	26	班达亚齐，印度尼西亚	*^227898
2005	03	28	苏门答腊岛，印度尼西亚	10
2006	03	14	塞兰岛，印度尼西亚	4
2006	07	17	爪哇岛，印度尼西亚	802
2007	04	01	所罗门群岛	*52
2007	04	21	智利南部	10

续表

年	月	日	海啸源位置	估计死亡/失踪人数
2009	09	29	萨摩亚群岛	192
2010	01	12	海地	7
2010	02	27	智利南部	156
2010	10	02	明打威群岛，印度尼西亚	431
2011	03	11	日本东北部	**^18717
总计				259314

* 可能含地震导致的死亡。

** 由滑坡触发的海啸。

^ 包括近海啸源地区及外围地区的死亡/失踪人数。

表 1.2 导致死亡/失踪人数超过 2000 人的区域和局地海啸

年	月	日	海啸源位置	估计死亡/失踪人数
365	07	21	克里特岛，希腊	5700
887	08	02	新潟，日本	2000
1341	10	31	青森县，日本	2600
1498	09	20	日本远州滩	31000
1570	02	08	智利中部	2000
1586	01	18	伊势湾，日本	8000
1605	02	03	南海道，日本	5000
1611	12	02	三陆，日本	5000
1674	2	17	班达海，印度尼西亚	2244
1687	10	20	秘鲁南部	*5000
1692	06	07	皇家港口，牙买加	2000
1703	12	30	房总半岛，日本	*5233
1707	10	28	日本远州滩	2000
1707	10	28	南海道，日本	*5000
1746	10	29	秘鲁中部	4800
1751	05	20	日本本州岛西北部	2100
1755	11	01	里斯本，葡萄牙	*50000
1771	04	24	琉球群岛，日本	13486
1792	05	21	九州岛，日本	**5443
1854	12	24	南海道，日本	*3000
1868	08	13	智利北部	*25000
1883	08	27	喀拉喀托，印度尼西亚	**36000
1896	06	15	三陆，日本	*27122

续表

年	月	日	海啸源位置	估计死亡/失踪人数
1899	09	29	班达海，印度尼西亚	*2460
1923	09	01	相模湾，日本	2144
1933	03	02	三陆，日本	3022
1945	11	27	马克兰海岸，巴基斯坦	*4000
1952	11	04	堪察加半岛，俄罗斯	4000
1976	08	16	莫罗湾，菲律宾	4376
1998	07	17	巴布亚新几内亚	2205
2004	12	26	班达亚齐，印度尼西亚	**^227898
2011	03	11	日本东北部	**^18717
总计				518550

* 可能含地震死亡。

** 火山爆发触发的海啸。

^ 包括邻近海啸源区和外围地区的死亡/失踪人数。

表 1.3　海啸源距离超过 1000km 的越洋海啸造成的死亡

日期	海啸源位置	估计死亡/失踪人数		远离源区人员死亡的地点
		局地和区域	越洋	
1837 年 11 月 07 日	智利南部	0	16	美国夏威夷
1868 年 08 月 13 日	智利北部	**25000	7	新西兰，萨摩亚，智利南部
1877 年 05 月 10 日	智利北部	数百	数千	斐济，日本，秘鲁，美国夏威夷
1883 年 08 月 27 日	喀拉喀托火山，印度尼西亚	36000	1	斯里兰卡
1899 年 01 月 15 日	巴布亚	0	数百	加罗林群岛，所罗门群岛
1901 年 08 月 09 日	洛亚蒂群岛	0	数人	圣克鲁斯群岛，新喀里多尼亚岛
1923 年 02 月 03 日	堪察加半岛，俄罗斯	2	1	美国夏威夷
1945 年 11 月 27 日	马克兰海岸，巴基斯坦	*4000	数人	印度
1946 年 04 月 01 日	乌尼马克岛，美国阿拉斯加	5	159	美国加利福尼亚、夏威夷
1960 年 05 月 22 日	智利中部	1000	222	日本，菲律宾，美国加利福尼亚、夏威夷
1964 年 03 月 28 日	阿拉斯加	106	18	美国加利福尼亚、俄勒冈
2004 年 12 月 26 日	班达亚齐，印度尼西亚	***175827	52071	孟加拉国，印度，肯尼亚，马尔代夫，缅甸，塞舌尔，索马里，南非，斯里兰卡，坦桑尼亚，也门
2005 年 03 月 28 日	苏门答腊岛，印度尼西亚	0	10	斯里兰卡（紧急疏散中死亡）
2011 年 03 月 11 日	日本东北部	****18715	2	印度尼西亚，美国加利福尼亚

* 可能包括地震死亡。

** 智利和秘鲁的局地和区域死亡。

*** 印度尼西亚、马来西亚和泰国的局地和区域死亡。

**** 日本局地和区域死亡人数。

1.3 中国沿海地区的历史海啸事件

依据地震和海啸灾害史料（谢毓寿等，1985；杨华庭等，1994），中国沿海地区海啸辑录如下（任鲁川和薛艳，2007）。

（1）171年地震，（北）海水溢、（黄）河水清，影响渤海莱州湾东南岸。

（2）173年6月（农历），北海地震，东莱、北海海水溢出，漂没人物。（注：北海国，今山东潍坊市北部昌乐西。东莱郡，今山东半岛顶部龙口市）。东莱、北海两个郡国沿海海水同时溢出，并漂没人物。

（3）1498年7月9日，日本广大地区发生地震，京都、三河、熊野最为强烈。同日我国江浙多处发生水溢。

（4）1604年12月29日，福建泉州近海发生7.5级地震。据记载："海水腾涌，覆舟甚多"。寥寥八个字，已说明地震引发海啸成灾。

（5）1605年7月13日，海南琼山—文昌一带发生7.5级地震。康熙《文昌县志》记有"平地突陷成海"。民间的《郑氏家谱》记有"山化海，为演顺无殊泽国，人变为鱼，田窝尽属波臣"。山沉陷成海，地形变化如此巨大，应产生海啸。"忽沉没七十二村"可能既是地基陷落所致，也是被海啸吞噬的结果。

（6）1668年7月25日，山东郯城发生8.5级地震。《蒙阴县志》记有"海潮啸汇川"。《日照县志》记有"山间涌海上车螯"。由上述记载推断，可知这次大震后也曾发生过海啸，只是灾情失于记载。

（7）《苏州府志》记载：1670年8月19日，"地震有声，海潮溢，沿海民多溺死"。苏州府（今苏州市），其辖境海门濒临黄海，在长江入海口北侧，距苏州府约百余千米。苏州府听到地声，海门沿海地带海啸成灾，由此推断，震中可能远在黄海，震级较大。

（8）1707年10月28日日本南海发生8.4级地震，我国浙江吴兴县双林地震水涌；乌青镇河水暴涨；海盐县（治今盐官镇）地震水沸；不仅地震波及浙江，钱塘江口亦有海啸出现，强度甚低。上海各县虽无记录亦当受影响之列。

（9）1721年，据清人龚柴《台湾小志》记述："是年八月，台湾怪风暴雨，流火灼天竟夜，海水皆立；港船互相撞坏。地又大震，郡无完屋，居民压、溺死者以数千计"。这次地震震级估计为6级，台南和嘉义两地均有房倾人死的灾情记录。

（10）陈国瑛辑《台湾采访册》中，记有凤山县（今高雄市）在1781年4～5月间曾遭海啸袭击："时甚晴霁，忽海水暴吼如雷，巨涌排空，水涨数十丈，近村人居被淹，皆攀缘而上至树尾，自分必死。不数刻，水暴退"。

（11）1792年8月9日台湾嘉义7级地震，台南鹿耳门，忽无风，水涌起数丈。舟子曰：地震甚，又在大洋中亦然，茫茫黑海，摇摇巨舟，亦知地震，洵可异也。

（12）1854年12月24日，日本南海8.4级地震，房总半岛至九州太平洋沿岸海啸，海啸波及浙江、江苏沿岸。

（13）1867年12月18日，台湾基隆近海发生7级地震。同治《淡水厅志》记有"鸡笼头、金包里沿海山倾地裂,海水暴涨,屋宇倾坏,溺数百人"。淡水厅是现在的新竹,鸡笼头是现在的基隆市,金包里是现在的台北市金山乡。

(14)1892年10月22日《益闻录》记述:"台湾安平,闰六月杪(1892年8月21日)又经地震,不大摇撼,惟海线地为怪风肆虐,惟海浇陆,该地数百家被海水淹死者约数百人,邻近地面池鱼波累者亦冲溺数百人"。显然,这也是一次地震海啸灾害。

(15)1918年2月13日,广东南澳发生7.3级大地震。福建泉州至广东汕头一带,海啸波高达7m,持续14h,但其灾情民国福建《同安县志》有记录:"地大震,海潮退而复涨,渔船多遭沉没"。

(16)1923年7月13日11时13分,日本琉球7.2级地震时,山东烟台芝罘东北强烈地震,烟台有强海潮。

(17)1948年5月23日17时13分山东威海西海中6级地震,据中国地震局地球物理研究所调查,也有海啸,海水冲入陆地数百米,浪高1m左右,局部地段可高达2~3m。

(18)1986年11月15日05时20分,台湾花莲东北海中7.6级地震,海啸使花莲、宜兰两处港内10艘渔船沉没,6人受伤。

(19)1992年1月4~5日,海南岛近海连续发生的弱群震使得海南岛南部沿海出现了显著的地震海啸波,首次由仪器完整观测记录到。1992年1月4日22时40分至5日19时43分,该岛西南部海域(18°E,108°N)海底发生震群,一天内海南地震台就记录到8次地震,最大震级3.7级,震源深度8~12km。三亚港从5日14时起港内潮水上涨的速度就有渐快之势,14时30分至17时潮位出现异常现象,潮水急涨急退,涨潮速度可达10节以上,而退潮比涨潮速度缓些,每次涨退潮过程20~40min不等,持续5~6次,一次涨潮,增水可达50~80cm,16时后出现两次较大涨潮,达70~80cm。在海啸波的冲撞下,港内的船只相互碰撞、拥挤、搁浅、拉断系泊缆绳和锚链。有些船碰撞在沿岸固定构造物上而遭受不同程度的损失,岸上居民见此异常海况纷纷弃家出走。海南岛周围4个验潮站与北部湾内的1个验潮站,完整地记录到这次地震引起的海啸波。据考察,这次震群活动发生在中国南海的VI~VII度的地震烈度区内,震源深度8~12km,水深大约100m,尽管震级最大的只有3.7级,但是一天时间内连续发生了8次地震,在这种情况下震群活动可能触发了海底震中区的某些原先就不稳定的岩石结构,从而出现海底塌陷并诱发了这次海啸波。

从海啸历史资料和海啸记录看,渤海、黄海、东海、南海在历史上都曾发生过地震海啸,中国沿海地带从古至今,从北到南,都曾遭受地震海啸的侵袭;据不完全统计,从公元前47年至2011年,中国沿海共发生52次地震海啸事件;在沿海各省份中,历史上台湾发生的海啸次数最多,其次是沿海大陆架区域,低发区是我国渤海沿岸;大陆的东南沿海地区、台湾沿海地区是地震海啸灾害风险较为严重的地区。

第 2 章　潜在地震海啸源

本章讨论地震海啸的生成条件和地震海啸的致灾条件，论述潜在地震海啸源的界定原理与方法，介绍全球地震海啸源的分布特征，着重介绍与中国毗邻的位于西北太平洋俯冲带的潜在地震海啸源特征，并对中国海及其邻域的潜在地震海啸源进行初步界定。

2.1　地震海啸的生成条件和致灾条件

大洋和近海海域经常发生地震，地震海啸是由发生在大洋和近海海域的地震触发的。但从历史地震、海啸记录看，大洋区域和海域发生的地震并非都能触发海啸，而且并非所有的地震海啸都能导致灾害的发生。大洋区域和海域的地震需要满足一定条件才能触发海啸，地震海啸也需要满足一定条件才能导致灾害发生。

2.1.1　地震海啸的生成条件

通过研究大量地震海啸的案例发现，影响地震海啸规模大小的主要因素包括：①地震能量大小（以地震矩或矩震级量度）；②震源机制；③震源深度；④震源破裂过程（陈运泰等，2005）。

1. 地震能量大小

构造地震由地下岩石的突然错断引起。作为地震能量大小标度的地震震级，与断层潜在震源面的面积、地震孕育的深度、断层两盘相对错动的距离、断层滑移速率、岩石介质的剪切模量有关。

我们常用地震矩或矩震级标度地震的大小。地震矩定义为

$$M_0 = \mu L W \overline{D} \tag{2.1.1}$$

式中，L 为断层长度；W 为断层宽度；$\overline{D}$ 为地震断层面上的平均位错；μ 为地球介质剪切模量。

Hanks 和 Kanamori（1979）给出矩震级与地震矩之间的关系为

$$M_{\mathrm{W}} = 2/3 \lg M_0 - 10.7 \tag{2.1.2}$$

式中，M_0 以 N·m 为单位。依据式（2.1.1）和式（2.1.2），矩震级和地震矩可以相互换算。

一般地，当 $M_{\mathrm{W}} < 7.25$ 时，矩震级的测量结果与用面波测量的面波震级 M_{S} 的测量结果基本一致；但当 $M_{\mathrm{W}} > 7.25$ 时，面波震级开始出现"饱和"，测量出的面波震级低于能反映地震真实大小的矩震级，而且当 $M_{\mathrm{W}} = 8.0 \sim 8.5$ 时，达到完全饱和，此时无论矩震级

如何增大，测量出的面波震级不再跟着增大。所以，测定大地震的震级时，如果采用矩震级以外的其他震级标度，则会由于震级饱和而低估地震的震级，从而导致对该地震是否会激发海啸的错误判断。因此，从地震海啸研究的角度考虑，应测量地震矩或与其相当的由地震矩计算得出的矩震级。

虽然地震海啸强度的大小不仅仅取决于震级，但是在其他条件一样的情况下，震级越大，所激发的海啸强度也越大，而且震级大小不同的地震所激发的海啸，在强度上的差别可以非常悬殊。

2. 震源机制

这里所说的震源机制指构造地震的机制。所谓构造地震的机制是指震源处介质的破裂和错动方式。震源机制研究的内容包括确定地震断层面的方位和岩体的错动方向、震源处岩体的破裂和运动特征，以及这些特征和震源所辐射的地震波之间的关系。

表征地震震源机制的参数包括断层面的走向（断层面与地面的交线与正北方向的夹角ϕ）、倾角（断层面与地面的夹角δ）和滑动角（断层的"上盘"相对于"下盘"滑动的方向与断层面走向的夹角λ，逆时针为正）（图 2.1）。

一般而言，纯走滑断层（指$\lambda=0°$或 180°的断层）不易激发海啸；纯倾滑断层（指$\lambda=90°$或 270°的断层）比纯走滑断层更容易激发海啸。但这并不是说走滑断层就绝对不会激发海啸。一个位于海底的纯走滑断层一样会产生海底的隆升和下降，引起的海底隆升和下降的幅度虽然不及强度相同的纯倾滑断层，但仍有可能激发海啸。理论计算与分析表明，在其他条件一样的情况下，一个纯倾滑断层所引起的地面隆升和下降幅度大约是纯走滑断层的 4 倍，前者所激发的海啸浪高也大约是后者 4 倍。

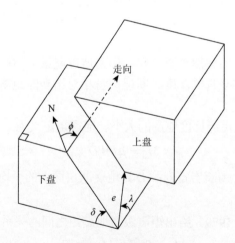

图 2.1　地震断层

断层面的走向为ϕ；倾向为$\phi+90°$；倾角为δ；断层的上盘与下盘间滑动矢量为e；滑动角为λ；N 为正北方向

3. 震源深度

我们通常所说的震源深度指的是震源初始破裂点的深度，人们常忽略对于触发海啸至关重要的参数应当是"矩心矩张量"（地震时释放的"地震矩张量"的"矩心"）的深度。深源地震不如浅源地震特别是断层面出露海底的地震易于激发海啸。研究表明，在其他条件相同的情况下，当震中距在 2000km 范围内，震源深度大的地震引起的海啸波高只有震源深度浅的地震激发的海啸的几分之一；不过，当震中距超过 2000km 以后，震源深度对于海啸浪高的影响就微乎其微了。

4. 震源破裂过程

实际上，地震震源并不是几何上的一个点，它是有一定形状和大小的。地震断层的长度可以小到数米，大到数百千米。有限大小的震源所激发的海啸与点源所激发的海啸的主要差别体现在短周期方面。对于大地震和巨大地震触发海啸的情形，地震破裂的动态过程特别是破裂的方向，对于海啸能量传播有着不可忽略的影响。有研究结果显示，在其他条件相同的情形下，震源破裂过程相对缓慢，震源破裂持续时间长的地震更易于触发生成大海啸。

2.1.2　地震海啸的致灾条件

地震海啸所具有的能量来自地震，其大小首先受制于触发海啸的地震所具有的能量。震级是地震能量的标度，通常震级达到 7 级以上的大地震触发生成的海啸，传至近岸区域才能导致大的灾害发生，震级低于 7 级的地震触发的海啸不易形成大的灾害。

地震必须发生在有巨大的水体覆盖的大洋区域和深海区域，其触发生成的海啸才可能导致大的海啸灾害，发生在水体规模小的浅海区域的地震所触发的海啸，产生不了大的灾害。

海啸灾害一般发生在近岸水域和近岸陆地。海啸波传播的路径和传播的距离、海底地形和海岸线的形状等都是决定海啸灾害是否形成、海啸灾害规模大小的重要因素（陈颙，2005；陈颙和陈棋福，2005）。

2.2　潜在地震海啸源界定

海啸源（tsunami source）指海啸波最初生成的区域。地震海啸源（seismic tsunami source）指位于大洋和近海海域的发生地震可触发生成最初海啸波的特定区域。

2.2.1　潜在震源的界定

界定潜在地震海啸源，需要先行界定位于大洋和近海海域的潜在震源。

Cornell（1967）提出地震危险性概率分析方法基本理论框架时，为了体现对发生地震的断裂构造位置认识的不确定性，采用了简单的线或面作为潜在震源模型，而且假定潜在震源地震活动满足：①地震震级分布符合截断的 Gutenberg-Richter 震级频度关系（简称 G-R 关系或震级-频度关系）；②地震均匀分布；③地震的发生满足泊松分布。

结合我国广泛开展的地震区划和地震安全性评价研究的需要，我国学者提出了地震区、地震带、潜在震源区界定准则和方法（胡聿贤，1990，1999）。

1. 地震区和地震带的界定

区域地震活动性特征和地震构造环境特征是地震区（带）划分的基本依据。地震活动特征包括震中分布、震源深度分布、地震强度分布、地震频度分布等。地震构造环境特征包括活动构造特征、地壳深部结构特征、区域构造应力场特征和地球物理场特征。

地震区，指数十万乃至几百万平方千米的大区域范围内，地震活动和大地构造活动具有明显相关性的地区。同一地震区，地震活动的时间、空间、强度特征具有共性。

地震带，指同一地震区内，地震活动性和地质构造条件密切相关的地带。与地震区相比，地震带内地震活动在时间、空间、强度上的相关性更为密切，震中分布相对密集成带。地震带是地震区内的次级单元。

地震区内具有下述特点的地带被界定为地震带：①现代构造运动性质和强度一致性较好或类似；②地震活动性（包括地震频度、最大震级、活动周期、古地震和历史地震重复间隔、应变积累释放过程等）相一致或一致性较好；③新生代以来地震构造应力场（包括断层节面性质、主压应力轴方位和倾角等）一致性较好；④其他典型分带特征，诸如活动构造带的边界、破坏性地震相对密集带的外包带或区域性深大断裂活动的影响带。

2. 潜在震源的界定

潜在震源，指未来一定时期内可能发生破坏性地震（通常 M_S 大于 5.0）的地区。目前潜在震源区位置界定，主要依据两条基本原则即地震构造类比原则和地震活动重复原则。地震构造类比原则的含义是，某一地区历史上虽然没有强地震或中强地震的记载，但如果它与已经发生过同等强度地震的某一地区的构造条件类似，就可将其界定为同类震级上限的潜在震源区。特别地，已发现有古地震遗迹的地区，可界定为相当于最大古地震震级的潜在震源区。地震活动重复原则的含义是，历史上发生过强震的地区，可界定为具有同类震级或高于原最大震级的潜在震源区。

3. 第五代《中国地震动参数区划图》采用的潜在震源划分标准

2016 年 6 月 1 日开始实施的《中国地震动参数区划图》，潜在震源区采用三级划分标准（潘华和鄢家全，1995；周本刚等，2013）。第一级：用于地震活动性参数（发震时间间隔、震级等）统计的地震带；第二级：以地震活动特征为划分依据，在地震区带内找到不同背景的地震构造区；第三级：以研究区域为划分原则，在地震构造区内划分特定场点的潜在震源区。

编制《中国地震动参数区划图》时，也提出关于潜在震源的界定的新的看法：未来地震的地震源称为潜在震源，潜在震源能够发生其孕育地震能力上限以下的各个震级地震；由于地震活动本身具有的随机性，以及人们对地震构造位置等方面认识的不完备，预测未来地震的震源位置具有较大的不确定性，因此只能围绕这些发震构造或构造背景大致圈定出潜在震源可能的分布范围；与特定发震构造或构造背景相关的潜在震源的分布通常构成一个连续的空间区域（潘华和李金臣，2016）。

总之，结合中国地震构造特点和地震活动的特征，中国学者在多年的地震区划研究和地震安全性评价研究中，不断改进 Cornell 最早使用的震源区范围界定以及地震活动特征的假设，目前采用三级划分的潜在震源模型，将潜在震源区分为地震统计区、背景地震活动潜在震源区（简称"背景源"）和构造潜在震源区（简称"构造源"）三个层级。用地震统计区表述地震活动的宏观统计特征，而地震活动性的空间分布不均匀性，则由构造源上的中强地震活动性和背景源上中小地震活动性共同表达，更加细致地对各震级段地震活动不均匀性分布特征进行表征。三级划分潜在震源区模型地震活动性依然满足三个基本假定：地震统计区内地震震级分布满足截断的 G-R 关系；地震统计区内各潜在震源区（包括背景源和构造源）间地震发生概率满足不均匀分布，而潜在震源区（包括背景源和构造源）内各点地震发生概率则满足均匀分布；地震统计区内地震发生满足泊松分布（潘华和李金臣，2016）。

2.2.2　潜在地震海啸源的界定

潜在地震海啸源是指那些位于大洋区域或海域的满足触发海啸条件的一类特殊的潜在震源。潜在地震海啸源的界定，一方面要沿用潜在震源的界定准则和界定方法，另一方面又要针对其位于大洋区域或海域的特殊性，考虑地震海啸的生成条件。只有将潜在震源界定与地震海啸生成条件考察有机结合，才能实现潜在地震海啸源的界定（任鲁川等，2014）。

目前人们通常将三个方面的条件，即可能发生的地震震级足够大（大于 7.0 级）、震源足够浅（浅源地震）、震中区域海水足够深，作为界定潜在地震海啸源的基本判据（陈颙和陈棋福，2005）。

地震危险性分析是地震海啸危险性分析的基础。进行海域的地震海啸危险性分析，需先划分相关研究海域的地震区（带），界定地震区（带）内的潜在震源位置和范围，再界定潜在地震海啸源位置和范围。

潜在地震海啸源界定，作为地震海啸危险性分析的重要内容和基础研究，目前仍存在许多值得深入探讨的问题。

2.2.3　俯冲带地震与海啸

从地震海啸历史记录可以发现，规模较大的海啸多是由位于大洋板块俯冲带的浅层大地震触发生成。在潜在地震海啸源界定的相关研究中，位于大洋区域的板块俯冲带广受关注（Kirby et al.，2005，2010；Satake and Tanioka，1999；Lee et al.，2010）。

发生在大洋板块俯冲带的地震，根据震源位置的不同，常被分为三种基本类型：①板间地震；②板内地震；③海啸地震（这类地震触发的海啸规模远远比预期的该级别地震所能触发的海啸规模大，故被称为海啸地震）（图 2.2，图 2.3）。

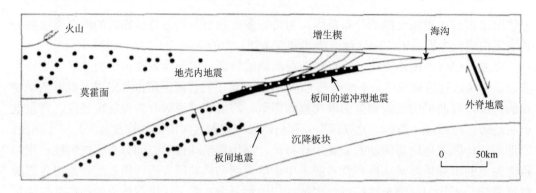

图 2.2　俯冲带示意图

典型的板间地震发生在俯冲板块和上覆板块之间的边界。板内地震包括外脊地震和地壳内地震。海啸地震的震源区
在面向海沟的增生楔的下部

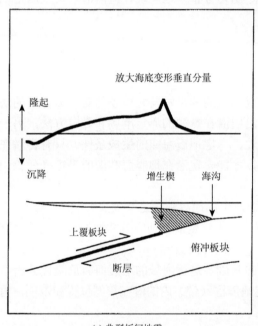

(a) 典型板间地震

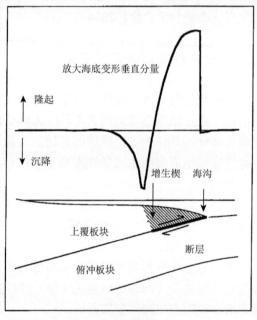

(b) 海啸地震

图 2.3　典型板间地震（a）和海啸地震（b）地震源区

图上部是海底垂直变形示意图。典型的板间地震震源区延伸 10～40km 的深度。
源区以上的洋底隆起形成海啸源。海啸地震的震源区位于海沟轴线附近较浅的扩张区域

1. 板间地震

典型板间地震发生在俯冲板块和上覆板块之间的交界面，位于板块间的大型逆冲断层带内。典型板间地震的震源位置和海床表面的变形模式如图 2.3（a）所示。Satake 和 Tanioka（1999）研究发现，大多数但不是全部大型或特大海啸是典型板间地震触发的，这类地震的震源深度一般分布在 10～40km 范围，大多位于上覆板块的增生楔与沉降板块交接的部位，地震断层的错动方向往往随震源深度和沿断层走向改变。

2. 板内地震

板内地震，指震源区位于板块内部的地震，其中震源区位于海沟轴线外侧的地震也常被称为外脊地震。尽管板内地震包括了一部分深源地震，但只有震源深度浅于100km 的板内地震才易于触发海啸。发生在上覆大陆地壳内的地震也属于板内地震，如果这类板内地震的震源位于深水区域之下，也可能触发海啸。板内地震所触发的海啸在规模上可与板间地震等量齐观。Kirby 等（2005）的研究发现，海沟区域触发巨大海啸的地震，震级一般大于 8.0 级，地震断层破裂规模一般大于 100km，地震断层错动具有正断分量；断层倾角通常大于 30°，多位于海沟向海一侧的海沟外脊或海沟的外部斜坡区域，震源深度在海底以下 5～20km；震中位于深水区域（Lee et al.，2010；Kirby et al.，2010）。

3. 海啸地震

海啸地震的震源位置，位于上覆板块和俯冲板块之间的孕震带的浅部拉张部位，在板块的增生楔端部，该处深度浅，物质的刚性系数小，相对而言其地震矩也较小。通常，地震发生在深度为 10～40km 的地方，所以能激发起规模较大的海啸（Satake and Tanioka，1999；陈运泰等，2005）。

2.3　全球地震海啸源分布

2.3.1　全球三大地震带与海啸多发区

2.3.1.1　全球三大地震带

无论在陆域，还是在大洋和近海海域，地震都不是均匀分布的。全球地震主要集中分布在三大地震带上，分别是环太平洋地震带、欧亚地震带（也被称为地中海-喜马拉雅山带）和大洋海岭地震带（图 2.4）。

1. 环太平洋地震带

该带形状看起来像一个巨大的环，主要围绕着太平洋分布。由堪察加半岛开始向东，经阿留申群岛到美国的阿拉斯加，然后向东南延伸，经北美洲的落基山脉、中美洲的西海岸，到南美洲西海岸的整个安第斯山脉。由堪察加半岛向西南，经千岛群岛到日本，并在日本本州岛附近分成两支，东支经小笠原群岛、马里亚纳群岛到雅浦岛；西支经琉球群岛、我国台湾岛、菲律宾，在伊里安岛一带与东支汇合，然后向东经西南太平洋诸岛，一直延伸至新西兰以南。

地球上有 80%以上的地震都发生在环太平洋地震带。这一地震带集中了全世界 80%以上的浅源地震（0～70km）、90%的中源地震（70～300km）和几乎所有的深源（300～700km）地震，释放的地震能量约占全球地震释放总能量的 80%。

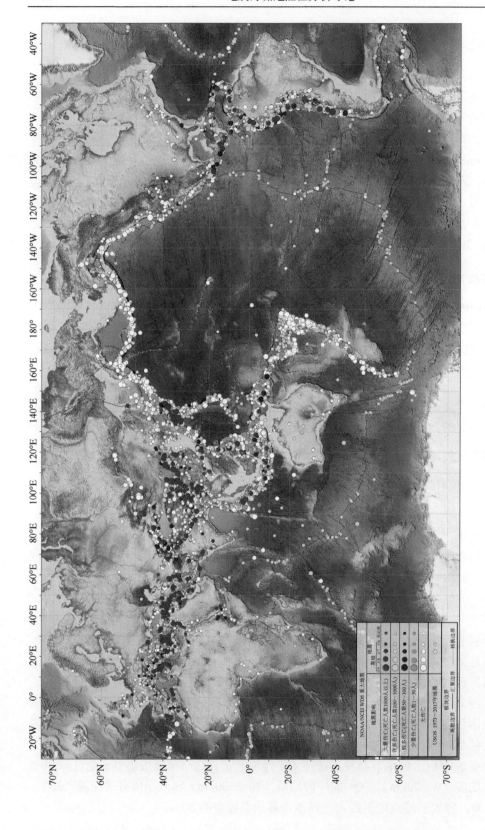

图 2.4　公元前 2150 年至 2010 年地震事件分布图

美国国家海洋和大气管理局（NOAA）/国家环境信息中心（NCEI）、世界数据系统（WDS）提供图片；
美国地质调查局（USGS）提供 1973～2017 年地震数据

2. 欧亚地震带

欧亚地震带的一部分始于堪察加地区，呈对角线状穿过中亚，另一部分从印度尼西亚开始经南亚喜马拉雅山，两者汇集于帕米尔，并由此向西，经伊朗、土耳其和地中海地区直到亚速尔群岛与大西洋海岭相连，全长两万多千米，跨欧、亚、非三大洲。这一地震带所释放的地震能量占全球地震释放总能量的 15%。除了环太平洋地震带以外，几乎所有的中源地震和大的浅源地震都发生在这一地震带内。

3. 大洋海岭地震带

大洋海岭地震带，沿太平洋、大西洋、印度洋和北冰洋的中央海岭分布，其地震活动性比上述环太平洋地震带和欧亚地震带弱得多。此带地震均为浅源地震，释放能量较小。大洋中的海岭是最新的大洋地壳，沿其轴部是一系列正在活动的张性大断裂带，且不断有岩浆的侵入和喷出，伴随着断裂活动和岩浆活动产生了一系列的地震。

2.3.1.2　海啸多发区

历史上的海啸，特别是一些造成巨大灾害的海啸，大都发生在太平洋区域，由环太平洋地震带的巨大地震触发产生。太平洋是迄今为止海啸发生最活跃的地区，大西洋和印度洋以及其他边缘海域一般少有海啸发生。根据历史记录，大部分的海啸都发生在太平洋上，太平洋沿岸的很多国家都曾受到了不同程度海啸的冲击。

世界海啸多发区包括夏威夷群岛、阿拉斯加区域、堪察加-千岛群岛、日本及周围区域、中国及其邻近区域、菲律宾群岛、印度尼西亚区域、新几内亚区域-所罗门群岛、新西兰-澳大利亚和南太平洋区域、哥伦比亚-厄瓜多尔北部及智利海岸、中美洲及美国、加拿大西海岸，以及地中海东北部沿岸区域等。但是从进入 21 世纪的海啸记录分析来看，印度洋地震海啸呈现出活跃趋势。

2.3.2　位于西北太平洋俯冲带的潜在地震海啸源

我国位于太平洋西岸，在大地构造位置上，毗邻环太平洋地震带西北段。

2004 年苏门答腊地震海啸发生后，美国地质调查局（USGS）成立了专门的海啸源工作组，成员主要由地球物理学家和地质学家构成。工作组专门研究位于西太平洋俯冲带的潜在地震海啸源，研究范围涵盖自阿留申群岛，经菲律宾群岛，直达新西兰经度 190°E 以西的区域。研究目标有两个：一个目标是分析位于沉降带的板块间逆冲断层的几何特征（断层走向和倾角等），提供构建海啸预测模型需要的参数，提供位于沉降板块边缘部位的逆冲断层各个单元的参数离散化方案，给出逆冲断层各个单元的地理位置、走向和倾角；另一目标是识别和界定沉降带内逆冲断层有可能发生震级 $M_W>8.4$ 级的地震地质和地球物理指标，因为这类地震，释放巨大的能量，通常能触发大规模的越洋海啸。

工作组依据沉降带内发生巨大地震的地震地质和地球物理指标，结合 1895～2005 年间的海啸历史记录数据，将位于西太平洋区域沉降带内的各个俯冲带逐个分段，分析每一段未来的发震危险性，并由高至低以 A、B、C 表示各个断层段的发震危险性等级。组逐个分析研究的沉降带包括：①面对南海的西吕宋沉降带（即马尼拉海沟区域）和位于苏拉威西海（Celebes Sea）南缘的北苏拉威西沉降带（North Sulawesi subduction zone）；②新几内亚东北部的马努斯俯冲带；③我国台湾附近的南琉球俯冲带；④延伸至堪察加半岛-阿留申海沟端部的西阿留申俯冲带（Kirby et al.，2005）。

2.3.3　中国海及其邻域的潜在地震海啸源

2.3.3.1　渤海及邻域地震地质特征

渤海及邻域地震（图 2.5）在空间上分布是不均匀的，主要表现为强震沿活动断裂呈条带状展布，大致可以划分为北北东向的郯庐地震带和北西西向的燕山-渤海地震带，分别对应郯庐断裂带和燕山-渤海断裂带。

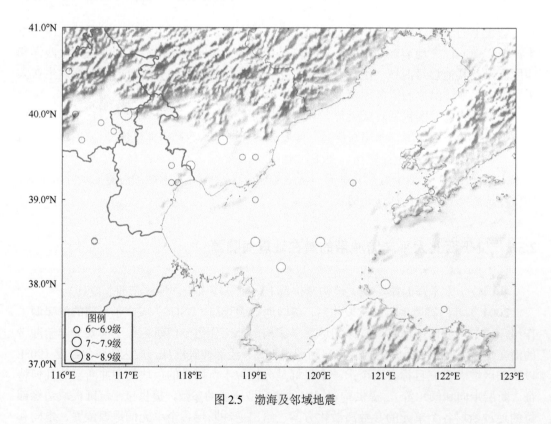

图 2.5　渤海及邻域地震

郯庐断裂带是中国东部最大的一条断裂带，在渤海区域的部分为该断裂带下辽河-渤海段以及沂沭断裂带北延入海段，总体走向 NNE。据史料记载，自公元前 70 年以来，在渤海海域及其附近共发生过 4 次 7 级以上地震,其中包括 1969 年渤海 7.4 级和 1975 年海城 7.3 级强烈地震。该带地震活动强度大、频次低、复发周期长。

燕山-渤海断裂带为一条 NWW 向复合型断裂构造带,河北平原 NEE-NE 向活动断裂和 NNE 向郯庐断裂分别延伸至燕山南缘和穿过渤海,同时沿燕山南绕至渤海发育有一系列活动强烈的 NWW 向断裂带,这二组构造的活动对该带强震均起着十分重要的作用,燕山南缘至渤海一线的地震活动十分强烈。据历史记载,此地震带自公元 1300 年以来共发生 19 次 6 级以上地震,其中有 5 次 7 级以上大震,包括 1679 年 9 月 2 日三河 8 级地震,1888 年 6 月 13 日和 1969 年 7 月 18 日渤海 7.5 级、7.4 级地震,1976 年唐山 7.8 级、7.1 级地震(周斌等,2000;高焕臣和闵庆方,1994)。

2.3.3.2　中国东部大陆架及邻域地震地质特征

中国东部大陆架及邻域地震(图 2.6),震源大都较浅,强度和频度相对较低,属于板块内部地震,绝大多数发生在地壳范围内,且强震震中都位于地表大断裂带上或其附

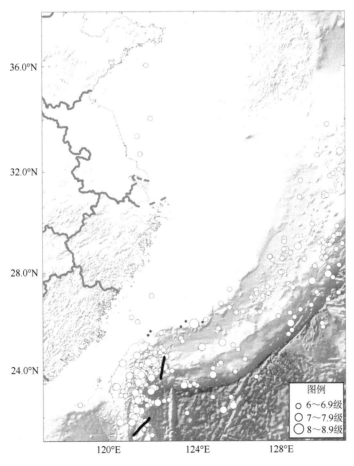

图 2.6　中国东部大陆架及邻域地震

近。这些板内浅源地震是断裂活动造成的，主要地震带包括南黄海地震带、中国台湾西部地震带、华南沿海地震带。南黄海地震带位于山东半岛南部的中、新生代拗陷中，其南部伸入苏北直到安徽巢湖一带。此带发生的地震都在6.75级以下，震源浅，属于极浅源地震。虽然历史上最大地震为6.75级，但地震活动较多，记载中6级以上地震11次。地震一般发生在次级断陷与块断凸起构造单元的交界以及两组活动性海底断裂系的交接带或断裂的特殊部位，在33°N～34°N，121°E～122°E之间，地震密集成群，频率相对较高，6级以上地震就有9次。

中国台湾西部地震带位于中国台湾纵谷断裂以西，沿中国台湾西缘滨海平原及台湾海峡东部分布，并向北北东方向伸延到28°N附近，有两条较大的北北东向断裂，自1900年以来6级以上地震发生四十多次，最大震级为7.75级，地震能量释放特征是活动期、平静期明显。此外，地震大都属于浅源地震，震源深度一般不超过35km。

华南沿海地震带自南澳岛向东北方向伸延到27°N附近，基本上平行于海岸线，沿地震带分布一条北东向海底大断裂，叫东海-闽东大断裂，并有一些北西向断裂与其交叉，曾有过三次七级以上大震，即1918年2月13日南澳岛附近的7.3级地震、1604年12月29日福建平海附近的8.0级地震、1994年台湾海峡7.3级地震，自1907～1929年期间，在此地震带中一共发生5级左右地震40多次，并经常发生一些小地震。

中国台湾东部的琉球强震带属于环太平洋地震带的一部分，地震活动频度高，震级高，7～8级地震较多。从东北端的日本九州西南地区一直到中国的台湾地区，仅在20世纪就发生了相当数量的地震，强度在7级以上的就有四十几次，特别引人注目的有1911年奄美大岛外海的8.2级大震，1920年花莲港外60km海域中的8.1级大震，以及1938年宫古岛西北50km处的7.7级地震。地震能量释放特征是周期短，地震能量释放连续性较好。在这条地震带中，琉球震源带呈北西向倾斜，倾角35°～43°，震源深度一般可达海底面下70～150km，最深达276km，无深源地震。贝尼奥夫带沿琉球向西南延伸到中国台湾，但在123°E以西贝尼奥夫带不复存在，而且地震活动频率有显著增强。邻近中国台湾北端的中层（深度大于70km）属于一个向北倾斜的贝尼奥夫带，它与琉球弧的西南段平行，但被错开。沿台湾东部纵谷平原的左旋平推活动断裂带发育着一组北北东向断裂，历史上曾伴随断裂活动发生一系列地震，震源深度大都浅于70km，一般均在10～30km，震级也小，这里没有发现与岛轴平行的贝尼奥夫带。较深的（100km左右）地震见于中国台湾岛东南几个由安山岩构成的小岛之下：这里可能是台湾以南一个向东倾斜的贝尼奥夫带的北延部分。自火烧岛到吕宋火山列岛，震源纵深分布带向东（向菲律宾海方向）倾斜，倾角约40°，震源深度可达海底面下100～150km（最深不超过200km）。因此，从琉球经过我国台湾地区到吕宋火山列岛，贝尼奥夫带倾斜面成一扭曲状倒转。也就是说，中国台湾位于向东倾斜的吕宋贝尼奥夫带与向西北倾斜的琉球贝尼奥夫带之间，是一个弧与弧之间的转换带，台湾纵谷便是一个连接两个倾向相反的冲断裂带的弧对弧式的左旋转换断层。中国台湾东部-琉球带的地震活动显然受这个岩石圈板块边缘巨型的麻花状深断裂控制，其地震发生的原因，可用缓慢移动的菲律宾海板块与亚欧板块沿上述巨型麻花状断裂构造（应变积累较多的板块边缘地区）相互作用和相对运动所导致的应力能量释放来加以解释（范时清等，1982）。

2.3.3.3　中国南海部分区域及邻域地震地质特征

　　中国南海是一个正在扩张的边缘海盆地（图 2.7），具有洋壳结构的特点，反映了大洋岩石圈俯冲时，大陆岩石圈仰冲的结果。它是由欧亚板块东南缘的解体、海底发生微扩张以及菲律宾地块漂移而逐渐形成的。中国南海的深海部分主要为属于欧亚板块的海洋型地壳，沿着向东倾斜的板块接触面，向东俯冲于菲律宾吕宋群岛（属于菲律宾海板块）之下。两个板块的接触带北起我国台湾南端海域，向南沿马尼拉海沟经民都洛海峡往南延伸，总体呈向西凸出的弧形，断裂带全长约 1000km。南海位于欧亚板块、太平洋板块和印澳板块交汇处，地壳属于大洋型地壳与大陆型地壳之间的过渡类型，断裂构造非常发育，不同地段具有明显差异。从断裂的力学性质来说，有张性断裂、剪切断裂、压性断裂及张剪性断裂等。如北部为拉张型，南部为挤压型，西部为剪切型，东部为俯冲型，中部为扩张型。按断裂展布方向可分为 NE 向、NW 向、EW 向、SN 向 4 组；按断裂切割深度，可分为岩石圈断裂、地壳断裂、基底断裂和盖层断裂。这些断裂多数为活动断裂，其中东缘的俯冲型断裂又是发震断裂。马尼拉海沟断裂为俯冲性岩石圈断裂，该断裂带北起台湾南端海域，向南沿马尼拉海沟经民都洛海峡往 SE 延伸，总体呈向西凸出的弧形。断裂带北端、中段和南端被 NW 向断裂切成三段，全长约 1000km。断裂两盘东陡

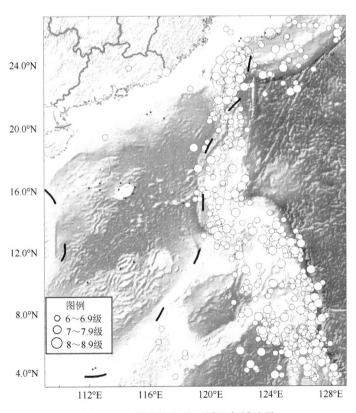

图 2.7　中国南海部分区域及邻域地震

西缓，中国南海海盆由西向东俯冲，海沟沉积层向东倾斜，贝尼奥夫带的倾角北部约40°，到南端近于直立，且有一系列地震沿此带分布。同时，与其平行的还有吕宋海岛西缘断裂、吕宋海岛东缘断裂、仁牙因-民都洛断裂，组成了地堑与地垒。西吕宋海槽断堑长 220km，宽 55km，水深 2230～2540m，槽底波状起伏。断堑东侧平行吕宋西海岸，位于陆架和上陆坡，西侧以南北向展布的断垒构成的岸脊与马尼拉海沟分开。马尼拉海沟断堑带位于中国南海中央海盆和吕宋弧前断褶带之间，为中国南海陆缘地堑系和菲律宾岛弧断褶系的分界，是受正断层控制的断堑槽地。东侧美岸脊为一两侧受断裂控制的断垒，其西侧断裂直落沟底，构成海沟东壁。其西壁则由中国南海中央海盆的洋壳阶梯状向沟底断落而成。

中国南海海域绝大部分 7 级以上地震都集中在东缘。板块边缘接触带上的俯冲运动引起了频繁的强震活动。地震分布在我国台湾以南至菲律宾一带，尤其是沿着马尼拉海沟断裂与吕宋海槽即吕宋岛西缘断裂、吕宋岛东缘断裂、仁牙因-民都洛断裂呈条带状排列，1900 年以来共发生 7 级以上地震 130 多次，8 级地震 7 次。震源深度在 30～60km，最深可达 240km。中国南海的地震活动特征显示出中国南海中央海盆洋壳向马尼拉海沟的俯冲和消减（杨马陵和魏柏林，2005；雷土成和欧秉松，1991）。

2.3.3.4　中国海及其邻域地震触发海啸的可能性初探

渤海地区现代构造运动，以水平应力场作用下的走滑运动为主，不易导致海底大面积的垂直升降，加之渤海为内陆浅海，面积小，平均水深浅（仅 20m），因而该区发生的地震不能使覆盖其上的海水获得具有一定规模破坏力的能量，导致渤海地区发生的地震不易触发强度大、可能导致重大灾害的海啸。黄海及东海，广阔的大陆架平均水深浅，其外侧又有日本、对马、琉球等岛屿，我国台湾岛和其他岛屿为屏障，因而来自其外侧太平洋区域的越洋海啸波传播至此，会消耗大量的能量。南海是我国大陆最大的边缘海，面积约 350 万 km²。外廓呈北东向菱形，长轴约 3140km，走向 N30°E，短轴约 1250km，走向 NW。南海平均水深 1140m。南海不仅深度大，而且北缘的深海距离大陆沿岸近，如 1000m 等深线距离大陆不过 200～500km。南海大陆架地形平坦，水深变化稳定，大陆架坡折处的水深 110～150m。北、南向大陆架宽广，一般为 200～220km；珠江口外宽达278km。南海东部的海沟自台湾岛南端，经吕宋岛西侧，延至民都洛岛西边，呈近 SN 向延伸，水深为 4000～4500m。其中马尼拉海沟水深为 4800～4900m，最深处达 5377m，且海底地形复杂，与海沟平行还有呈 SN 向的海岭分布。在台湾地震带南段-吕宋岛西缘马尼拉海沟附近，最近 100 多年内，发生的最大地震的强度达 8.1 级，地震的震源深度多在 30km 左右，平均每 7 年发生 1 次 7 级以上地震。据统计，5 级以上地震的震源机制为正断层或逆断层（垂直运动）为主的占 70%。例如，1972 年 4 月 25 日马尼拉海沟南端7.3 级地震就是具有倾滑分量的走滑错动，1994 年台湾海峡的 7.3 级地震，震源断层错动以正断为主。从断裂运动方式上看，马尼拉海沟断裂地区发生的地震具备引发海啸的条件，该区地震触发的海啸，如果达到足够的强度，有可能使中国南部沿海地区以及南海中的岛屿地区成灾。另外，根据历史海啸灾害记录以及仪器海啸波记录资料，我国台湾东北海域以及台湾海峡及南海靠近海南岛的区域发生的地震，有可能触发海啸并造成中国台湾地区和大陆东南沿海地区的灾害。

基于中国海及其邻域地震地质和地震活动特征，依据海啸致灾条件，参照中国沿海地区的历史地震海啸灾害记录，中国沿海地区的地震海啸源的界定中，应特别关注南海及其邻域、台湾东北海域及邻域以及华南近海及台湾海峡地区，中国华南沿海地区和台湾地区应选为防范地震海啸灾害的重点地区（任鲁川和薛艳，2007）。

第 3 章　地震海啸生成模式

地震海啸数值模式包括三个子模式——生成模式、传播模式、爬高和漫滩模式。其中的生成模式用来计算地震触发的初始海啸波场，为后续海啸传播的数值模拟计算提供初始条件。

本章介绍目前构建生成模式所依据的半无限空间地球位错模型，讨论其在构建地震海啸生成模式应用中的有关问题，论述利用生成模式计算初始海啸波场所需要的潜在地震海啸源参数的取值方法。

3.1　地震海啸生成模式研究进展

1906 年旧金山大地震发生后，Reid（1910）根据对圣安地列斯断层地表破裂面的观测，提出弹性回跳假说（elastic rebound hypothesis），假设地壳岩体为弹性体，受到应力作用后会不断变形并且累积应变能量，当应变能量累积到超过岩体中脆弱面所能承受的强度时，岩体就会沿着脆弱面滑动，当应力消失之后则又向相反的方向整体回跳，恢复到未变形前的状态，从而产生地震。弹性回跳假说对断层活动引发地震的机制给出了一种唯象的定性解释。

为了从理论上定量解释断层活动引发地震的机制，准静态位错理论被引用到震源机制分析。Steketee（1958）最早基于位错理论，导出了泊松体介质内垂直走滑点源的地表同震位移场计算公式。其后，Chinnery（1961，1963，1965）给出了垂直于地面的走滑断层的位移与应力场表达式，并在此基础上进一步研究了垂向变形的性质。Berry 和 Sales（1962）给出了水平张性断层的位移表达式。Maruyama（1964）导出了垂直和水平张性断层所引起的地表位移场的完整解析解。Mansinha 和 Smylie（1971）给出了与地面斜交的走滑断层和倾滑断层模型的位移场解析表达式。Okada（1985，1992）在前人研究基础上，构建了断层位错引起的三维地表形变和应变的模型，总结出一套半空间均匀弹性体位错模型计算公式。上述 Okada 的开创性工作是地震位错理论发展的一个里程碑，之后，震源机制分析、地球内部构造研究、断层反演、大地测量结果解释、震源参数确定和地震预报等都建立在了精细完善的地震位错理论基础上。再后来一些学者又对地震弹性位错理论开展了更为深入的研究，分析了地表地形变化、地球曲率、地壳垂向分层和横向非均匀性对地表同震位移场计算结果的影响。

定量描述破裂带特征的弹性位错理论基于以下假设：地球的曲率、重力、温度、磁性及介质非均匀性等可忽略，地表以下被视为由均匀、各向同性的完全弹性介质构成的半无限空间。基于这些假设，可以采用半无限域模型（Maruyama，1964；Press，1965；Okada，1985，1992）和有限域积分模型计算地震引起的海底变形（Chinnery，1963；Sato and Matsura，1974；Yamashita and Sato，1974；Iwasaki and Sato，1979；Okada，1985，1992），也提供了一种定量计算海底变形触发生成的初始海啸波场的方法（薛艳等，2010）。

　　弹性位错理论为构建地震海啸生成模式提供了技术路径：将弹性半无限空间位错模型中计算地表同震位移场的公式，用于计算大洋和海域地震引起的海底同震位移场，再基于海洋水体的瞬态响应模式假设，就可间接地获得海啸波初始位移场。

3.2　弹性位错模型

3.2.1　点源模型

　　Press（1965）给出了均匀各向同性弹性介质内某一平面上的位错所引起的介质内某点位移的表达式。假设在均匀各向同性弹性半无限介质中，地震断层表面 Σ 上位错 $\Delta u_j(\xi_1,\xi_2,\xi_3)$ 引起的地表位移为 $u_i(x_1,x_2,x_3)$，则其表达式为

$$u_i=\frac{1}{F}\int_{\Sigma}\Delta u_j\left[\lambda\delta_{jk}\frac{\partial u_i^l}{\partial \xi_l}+\mu\left(\frac{\partial u_i^j}{\partial \xi_k}+\frac{\partial u_i^k}{\partial \xi_j}\right)\right]v_k\mathrm{d}S \tag{3.2.1}$$

式中，δ_{jk} 为克朗内克符号；λ 和 μ 为拉梅常数；v_k 为面元 $\mathrm{d}S$ 的法向与 k 方向的夹角余弦；u_i^j 为断层面上的点 (ξ_1,ξ_2,ξ_3) 处振幅为 F 的点震源受到 j 方向地震触发的力在地表上点 (x_1,x_2,x_3) 产生的 i 方向的位移分量。

　　取图 3.1 所示的笛卡儿直角坐标系。假设弹性介质占据下半无限空间（$z\leqslant 0$），x 轴的正方向平行于断层的走向，L 和 W 表示断层的长度和宽度，δ 表示断层面倾角，d 表示震源的深度，U_1，U_2 和 U_3 分别表示断层面上任意位错的走滑分量、倾滑分量和引张分量。图 3.1 中的箭头矢量表示断层的上盘相对于下盘的运动（如果其中的 U_2 反向，则表示断层为正断层，倾角 $\sin 2\delta<0$）。地表同震位移 u_i^j 可以表示为

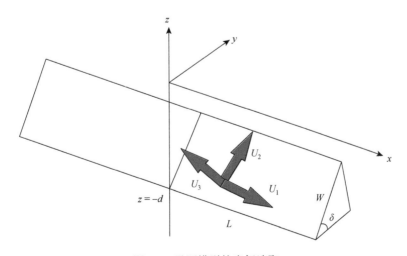

图 3.1　震源模型的坐标选取

$$
\left\{
\begin{aligned}
u_1^1 &= \frac{F}{4\pi\mu}\left\{\frac{1}{R}+\frac{(x_1-\xi_1)^2}{R^3}+\frac{\mu}{\lambda+\mu}\left[\frac{1}{R-\xi_3}-\frac{(x_1-\xi_1)^2}{R(R-\xi_3)^2}\right]\right\} \\
u_2^1 &= \frac{F}{4\pi\mu}(x_1-\xi_1)(x_2-\xi_2)\left\{\frac{1}{R^3}-\frac{\mu}{\lambda+\mu}\frac{1}{R(R-\xi_3)^2}\right\} \\
u_3^1 &= \frac{F}{4\pi\mu}(x_1-\xi_1)\left\{-\frac{\xi_3}{R^3}-\frac{\mu}{\lambda+\mu}\frac{1}{R(R-\xi_3)}\right\}
\end{aligned}
\right. \tag{3.2.2}
$$

$$
\left\{
\begin{aligned}
u_1^2 &= \frac{F}{4\pi\mu}(x_1-\xi_1)(x_2-\xi_2)\left\{\frac{1}{R^3}-\frac{\mu}{\lambda+\mu}\frac{1}{R(R-\xi_3)^2}\right\} \\
u_2^2 &= \frac{F}{4\pi\mu}\left\{\frac{1}{R}+\frac{(x_2-\xi_2)^2}{R^3}+\frac{\mu}{\lambda+\mu}\left[\frac{1}{R-\xi_3}-\frac{(x_2-\xi_2)^2}{R(R-\xi_3)^2}\right]\right\} \\
u_3^2 &= \frac{F}{4\pi\mu}(x_2-\xi_2)\left\{-\frac{\xi_3}{R^3}-\frac{\mu}{\lambda+\mu}\frac{1}{R(R-\xi_3)}\right\}
\end{aligned}
\right. \tag{3.2.3}
$$

$$
\left\{
\begin{aligned}
u_1^3 &= \frac{F}{4\pi\mu}(x_1-\xi_1)\left\{-\frac{\xi_3}{R^3}+\frac{\mu}{\lambda+\mu}\frac{1}{R(R-\xi_3)}\right\} \\
u_2^3 &= \frac{F}{4\pi\mu}(x_2-\xi_2)\left\{-\frac{\xi_3}{R^3}+\frac{\mu}{\lambda+\mu}\frac{1}{R(R-\xi_3)}\right\} \\
u_3^3 &= \frac{F}{4\pi\mu}\left\{\frac{1}{R}+\frac{\xi_3^2}{R^3}+\frac{\mu}{\lambda+\mu}\frac{1}{R}\right\}
\end{aligned}
\right. \tag{3.2.4}
$$

式中，$R^2=(x_1-\xi_1)^2+(x_2-\xi_2)^2+\xi_3^2$，依据式（3.2.1），可以得到断层面上每一方向位错引起的地表位移。

走滑位错引起的位移：

$$
\frac{1}{F}\mu U_1 \Delta\Sigma\left[-\left(\frac{\partial u_i^1}{\partial\xi_2}+\frac{\partial u_i^2}{\partial\xi_1}\right)\sin\delta+\left(\frac{\partial u_i^1}{\partial\xi_3}+\frac{\partial u_i^3}{\xi_1}\right)\cos\delta\right] \tag{3.2.5}
$$

倾滑位错引起的位移：

$$
\frac{1}{F}\mu U_2 \Delta\Sigma\left[\left(\frac{\partial u_i^2}{\partial\xi_3}+\frac{\partial u_i^3}{\partial\xi_2}\right)\cos 2\delta+\left(\frac{\partial u_i^3}{\partial\xi_3}-\frac{\partial u_i^2}{\partial\xi_2}\right)\sin 2\delta\right] \tag{3.2.6}
$$

引张位错引起的位移：

$$
\frac{1}{F}U_3 \Delta\Sigma\left[\lambda\frac{\partial u_i^n}{\partial\xi_n}+2\mu\left(\frac{\partial u_i^2}{\partial\xi_2}\sin^2\delta+\frac{\partial u_i^3}{\partial\xi_3}\cos^2\delta\right)-\mu\left(\frac{\partial u_i^2}{\partial\xi_3}+\frac{\partial u_i^3}{\partial\xi_2}\right)\sin 2\delta\right] \tag{3.2.7}
$$

将式（3.2.2）～式（3.2.4）代入式（3.2.5）～式（3.2.7），取 $\xi_1=\xi_2=0$，$\xi_3=-d$，得到位于（0，0，$-d$）的点源引起的地表位移（下面公式中的下标以 x,y,z 替换 x_1,x_2,x_3，用上角标 0 表示点源引起的位移），则走滑位错引起的位移：

$$
\begin{cases}
u_x^0 = -\dfrac{U_1}{2\pi}\left[\dfrac{3x^2 q}{R^5} + I_1^0 \sin\delta\right]\Delta\Sigma \\[3mm]
u_y^0 = -\dfrac{U_1}{2\pi}\left[\dfrac{3xyq}{R^5} + I_2^0 \sin\delta\right]\Delta\Sigma \\[3mm]
u_z^0 = -\dfrac{U_1}{2\pi}\left[\dfrac{3xdq}{R^5} + I_4^0 \sin\delta\right]\Delta\Sigma
\end{cases}
\tag{3.2.8}
$$

倾滑位错引起的位移:

$$
\begin{cases}
u_x^0 = -\dfrac{U_2}{2\pi}\left[\dfrac{3xpq}{R^5} - I_3^0 \sin\delta\cos\delta\right]\Delta\Sigma \\[3mm]
u_y^0 = -\dfrac{U_2}{2\pi}\left[\dfrac{3ypq}{R^5} - I_1^0 \sin\delta\cos\delta\right]\Delta\Sigma \\[3mm]
u_z^0 = -\dfrac{U_2}{2\pi}\left[\dfrac{3dpq}{R^5} - I_5^0 \sin\delta\cos\delta\right]\Delta\Sigma
\end{cases}
\tag{3.2.9}
$$

引张位错引起的位移:

$$
\begin{cases}
u_x^0 = \dfrac{U_3}{2\pi}\left[\dfrac{3xq^2}{R^5} - I_3^0 \sin^2\delta\right]\Delta\Sigma \\[3mm]
u_y^0 = \dfrac{U_3}{2\pi}\left[\dfrac{3yq^2}{R^5} - I_1^0 \sin^2\delta\right]\Delta\Sigma \\[3mm]
u_z^0 = \dfrac{U_3}{2\pi}\left[\dfrac{3dq^2}{R^5} - I_5^0 \sin^2\delta\right]\Delta\Sigma
\end{cases}
\tag{3.2.10}
$$

式中,

$$
\begin{cases}
I_1^0 = \dfrac{\mu}{\lambda+\mu}\, y\left[\dfrac{1}{R(R+d)^2} - x^2\dfrac{3R+d}{R^3(R+d)^3}\right] \\[4mm]
I_2^0 = \dfrac{\mu}{\lambda+\mu}\, x\left[\dfrac{1}{R(R+d)^2} - y^2\dfrac{3R+d}{R^3(R+d)^3}\right] \\[4mm]
I_3^0 = \dfrac{\mu}{\lambda+\mu}\left[\dfrac{x}{R^3}\right] - I_2^0 \\[4mm]
I_4^0 = \dfrac{\mu}{\lambda+\mu}\left[-xy\dfrac{2R+d}{R^3(R+d)^2}\right] \\[4mm]
I_5^0 = \dfrac{\mu}{\lambda+\mu}\left[\dfrac{1}{R(R+d)} - x^2\dfrac{2R+d}{R^3(R+d)^2}\right]
\end{cases}
\tag{3.2.11}
$$

$$
\begin{cases}
p = y\cos\delta + d\sin\delta \\
q = y\sin\delta - d\cos\delta \\
R^2 = x^2 + y^2 + d^2 = x^2 + p^2 + q^2
\end{cases}
\tag{3.2.12}
$$

3.2.2 有限矩形模型

对于长度为 L，宽度为 W 的矩形断层模型（图 3.1），计算位移场用 $x - \xi', y - \eta'\cos\delta$ 和 $d - \eta'\sin\delta$ 替代式（3.2.8）～式（3.2.12）中的 x, y, d，再对整个断层面求积分：

$$\int_0^L \mathrm{d}\xi' \int_0^W \mathrm{d}\eta' \tag{3.2.13}$$

采用 Sato 和 Matsura（1974）所用的处理方法，将变量 ξ' 和 η' 转换为 ξ 和 η ，令

$$x - \xi' = \xi$$
$$p - \eta' = \eta$$

其中 $p = y\cos\delta + d\sin\delta$ ，则式（3.2.13）可改写为

$$\int_x^{x-L} \mathrm{d}\xi \int_p^{p-W} \mathrm{d}\eta \tag{3.2.14}$$

再用 Chonnery 符号：

$$f(\xi,\eta)\| = f(x,p) - f(x, p-W) - f(x-L, p) + f(x-L, p-W) \tag{3.2.15}$$

简化表达式，则得走滑位错引起地表位移：

$$\begin{cases} u_x = -\dfrac{U_1}{2\pi}\left[\dfrac{\xi q}{R(R+\eta)} + \tan^{-1}\dfrac{\xi\eta}{qR} + I_1\sin\delta\right]\| \\[3mm] u_y = -\dfrac{U_1}{2\pi}\left[\dfrac{\tilde{y}q}{R(R+\eta)} + \dfrac{q\cos\delta}{R+\eta} + I_2\sin\delta\right]\| \\[3mm] u_z = -\dfrac{U_1}{2\pi}\left[\dfrac{\tilde{d}q}{R(R+\eta)} + \dfrac{q\cos\delta}{R+\eta} + I_4\sin\delta\right]\| \end{cases} \tag{3.2.16}$$

倾滑位错引起地表位移：

$$\begin{cases} u_x = -\dfrac{U_2}{2\pi}\left[\dfrac{q}{R} - I_3\sin\delta\cos\delta\right]\| \\[3mm] u_y = -\dfrac{U_2}{2\pi}\left[\dfrac{\tilde{y}q}{R(R+\xi)} + \cos\delta\tan^{-1}\dfrac{\xi\eta}{qR} - I_1\sin\delta\cos\delta\right]\| \\[3mm] u_z = -\dfrac{U_2}{2\pi}\left[\dfrac{\tilde{d}q}{R(R+\xi)} + \sin\delta\tan^{-1}\dfrac{\xi\eta}{qR} - I_5\sin\delta\cos\delta\right]\| \end{cases} \tag{3.2.17}$$

引张位错引起地表位移：

$$\begin{cases} u_x = \dfrac{U_3}{2\pi}\left[\dfrac{q^2}{R(R+\eta)} - I_3\sin^2\delta\right]\| \\[3mm] u_y = \dfrac{U_3}{2\pi}\left[\dfrac{-\tilde{d}q}{R(R+\xi)} - \sin\delta\left\{\dfrac{\xi q}{R(R+\eta)} - \tan^{-1}\dfrac{\xi\eta}{qR}\right\} - I_1\sin^2\delta\right]\| \\[3mm] u_z = \dfrac{U_3}{2\pi}\left[\dfrac{\tilde{y}q}{R(R+\xi)} + \cos\delta\left\{\dfrac{\xi q}{R(R+\eta)} - \tan^{-1}\dfrac{\xi\eta}{qR}\right\} - I_5\sin^2\delta\right]\| \end{cases} \tag{3.2.18}$$

其中，

$$
\begin{cases}
I_1 = \dfrac{\mu}{\lambda + \mu}\left[\dfrac{-1}{\cos\delta}\dfrac{\xi}{R + \tilde{d}}\right] - \dfrac{\sin\delta}{\cos\delta}I_5 \\[2mm]
I_2 = \dfrac{\mu}{\lambda + \mu}\left[-\ln(R + \eta)\right] - I_3 \\[2mm]
I_3 = \dfrac{\mu}{\lambda + \mu}\left[\dfrac{1}{\cos\delta}\dfrac{\tilde{y}}{R + \tilde{d}} - \ln(R + \eta)\right] + \dfrac{\sin\delta}{\cos\delta}I_4 \\[2mm]
I_4 = \dfrac{\mu}{\lambda + \mu}\dfrac{1}{\cos\delta}\left[\ln(R + \tilde{d}) - \sin\delta\ln(R + \eta)\right] \\[2mm]
I_5 = \dfrac{\mu}{\lambda + \mu}\dfrac{2}{\cos\delta}\tan^{-1}\dfrac{\eta(X + q\cos\delta) + X(R + X)\sin\delta}{\xi(R + X)\cos\delta}
\end{cases}
\tag{3.2.19}
$$

当 $\cos\delta = 0$ 时，则有

$$
\begin{cases}
I_1 = -\dfrac{\mu}{2(\lambda + \mu)}\dfrac{\xi q}{(R + \tilde{d})^2} \\[2mm]
I_3 = -\dfrac{\mu}{2(\lambda + \mu)}\left[\dfrac{\eta}{R + \tilde{d}} + \dfrac{\tilde{y}q}{(R + \tilde{d})^2} - \ln(R + \eta)\right] \\[2mm]
I_4 = -\dfrac{\mu}{\lambda + \mu}\dfrac{q}{R + \tilde{d}} \\[2mm]
I_5 = -\dfrac{\mu}{\lambda + \mu}\dfrac{\xi\sin\delta}{R + \tilde{d}}
\end{cases}
\tag{3.2.20}
$$

$$
\begin{cases}
p = y\cos\delta + d\sin\delta \\
q = y\sin\delta - d\cos\delta \\
\tilde{y} = \eta\cos\delta + q\sin\delta \\
\tilde{d} = \eta\sin\delta - q\cos\delta \\
R^2 = \xi^2 + \eta^2 + q^2 = \xi^2 + \tilde{y}^2 + \tilde{d}^2 \\
X^2 = \xi^2 + q^2
\end{cases}
\tag{3.2.21}
$$

当 $\cos\delta = 0$ 时，要注意有 $\sin\delta = \pm 1$ 的两种情况。

3.3　地震海啸生成模式

3.3.1　瞬态响应模式

地震海啸生成模式的构建基于瞬态响应机制，具体做法是先将地震位错理论中计算地表同震位移方法应用于大洋和海域的潜在地震海啸源区，求出地震所引起的海底表面的同震位移场；再基于海水不可压缩、地震断层错动的时间足够短、地震发生的瞬间未引起海水的大规模流动的假设，认为地震导致的海底同震位移可以原原本本地传递全海

洋水体表面，即认为地震海啸源区的初始地震海啸波场与海底表面的同震位移场相同。上述生成模式也称为瞬态响应模式。

由于海啸波传播的相速度远小于地震断层破裂速度，有限的地震断层破裂持续时间对海啸波的初始波高影响很小（Geist，1999）。震源地震断层破裂的持续时间通常以秒计，破裂速度约3000m/s，比海啸传播速度快一个数量级，与海啸传播的相速度相比较可以说是极为迅速，因此假设海底变形是瞬时的，进而可以再假设断层带上覆盖的海水没有时间流走，则海水表面的初始位移与海底位移一致。目前大多数海啸模式中都采用上述假定，即采用所谓瞬态响应模式（薛艳等，2010）。

刘双庆（2008）曾利用流体欧拉方程组和流-固界面力学方法进行了专门研究，通过量化分析说明瞬态响应模式的适用性。

地震海啸数值模拟结果也可为上述地震触发瞬态响应模式的适用性提供验证。2010年智利地震断层破裂时间为150s，2011年日本东北海域大地震断层破裂时间为160s（Shao et al.，2011），这两次大地震引起的海底抬升时间均为十几秒。实际的海啸波数值模拟计算表明，如果用瞬态响应模型模拟这些海啸，对结果的影响并不大。2004年印度洋地震海啸，由于断裂板块规模达到了1200 km，断层破裂时间长达1200s（Grilli et al.，2007）。实际的海啸波数值模拟计算也表明，对于这种断层破裂时间较长的情形，利用数值模型给出从断裂开始到结束不同时刻的海底变形，也可基于瞬态响应模式模拟初始海啸波的生成。

3.3.2　潜在地震海啸源参数的赋值

将地震海啸源参数代入计算海底同震位移的公式，就可计算出发震断层错动所引起的海啸潜源区海底同震位移场，继而得到初始海啸波场，为后续地震海啸波传播、爬高和漫滩过程的数值模拟，提供初始条件。

应当注意，上述地震海啸源区海底初始位移场的计算，忽略了地球曲率的影响，也没有考虑地球介质的垂向分层和横向不均匀性，研究分析表明，对于距离小于20km的浅源地震，地球曲率的影响可以忽略，但地球介质的垂直分层或横向不均匀性有时会对海底同震位移场产生一定的影响（Okada，1985，1992）。

3.3.2.1　潜在地震海啸源参数

潜在地震海啸源参数是一组包括震源位置、地震能量、地震机制、震源深度的参数（图3.2），大致分为两类。①地震断层面的几何参数：断层的长度 L、宽度 W、断层走向角 θ 和倾角 δ；②地震参数：震中纬度和经度、震源深度、震级或断层位错、地震断层两盘间滑移角 λ。

地震断层面是地震过程中发生剧烈的相对运动的平面。断层面的方向和位置，用其中心点位置经度和纬度、断层的走向和倾角描述。这个中心点被称为震源，被视为是断层破裂开始的地方。震源在地表的垂直投影的位置，被称为震中。震源深度 h 指震源与震中之间的距离。断层走向是指观测者站在断层面的上边界，断层的上盘在左，下盘在右时所面向的方向（这里与地质学中的走向略有区别，在地质学中，走向是一条两端无限延伸的直线）。走向角 θ 指从正北沿着顺时针方向旋转至走向形成的夹角。倾角 δ 指断层面与地球表面的夹角。断层的规模用断层面的长度和宽度描述，断层的长度 L 是指断层面上边界或者下边界的长度，这里说的上下边界均与走向平行。断层的宽度 W 指断层另外两条边界中任一条的长度。上述参数都是描述静态断层的规模、方向和位置的参数。当发生地震时，断层会产生滑动，滑动方向是指断层上盘相对于下盘的相对运动方向。滑动角 λ 是指断层走向沿逆时针方向与滑动方向的夹角。滑移量（或平均位错）$\bar{D}$ 是指断层面上盘相对于下盘沿滑动方向的相对运动量。

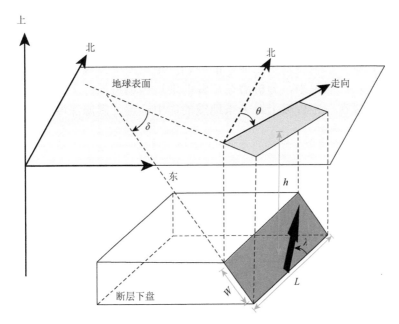

图 3.2　潜在地震海啸源地震断层参数

3.3.2.2　断层几何参数和地震参数的取值

一般说来，通过板块构造动力学、大地测量学、地震构造、地震活动性、海底地貌等方面的研究，以及海域地球物理场正反演，结合历史地震记录、历史海啸记录、海水深度资料的分析，可为界定潜在地震海啸源的位置和范围提供依据，同时对其内分布的地震断层的几何参数（断层长度、宽度、走向、倾向角）进行一定程度的推断（任鲁川等，2014）。

但是，未来地震可能引起的断层错动长度和宽度难以事先直接确定，只能通过下述三种间接方法进行估计（蒋溥和戴丽思，1993；Liu et al.，2009）：

（1）如果同一潜在震源历史上发生过大地震，可以根据其余震分布范围进行大致估计。

（2）根据前人对该潜在震源及邻域的地震地质研究结果进行大致估计。例如，NOAA

海啸源工作组（Kirby et al., 2005；Lee et al., 2010），在西北太平洋区域的潜在地震海啸源的界定研究中，正是基于该区域内海沟沉降带的地质特征和板块构造动力学特征的研究成果，参照该区域 1895 年以来的历史地震海啸记录，沿着该区域内分布海沟的延伸方向，将海沟沉降带的断层分段，推断各个断层段长度、走向和倾向角，估计各个断层段的宽度。

（3）基于统计分析得到的震级与断层破裂尺度（面积、断层长度、断层宽度、断层位错）之间的经验关系式，进行近似估计。例如，日本气象厅曾给出地震震级 M_W 与地震断层长度 L、宽度 W、断层面平均位错 $\overline{D}$ 之间的经验公式（《日本海海啸预报手册》，2001 年，日本气象厅地震火山部，22）。

$$\lg L[\text{km}] = 0.50 M_W - 1.90, \quad 4.8 \leqslant M_W \leqslant 7.6 \quad\quad (3.3.1)$$

$$\lg W[\text{km}] = 0.50 M_W - 2.20, \quad 4.8 \leqslant M_W \leqslant 7.6 \quad\quad (3.3.2)$$

由于受制于地震预测水平和历史地震记录数据的准确和完整，抑或源于地震活动本身的复杂性，难以在地震发生之前，准确判定地震震中位置、震源深度、地震断层滑动方向。但是，一般说来，分析潜在震源的地震构造特征、历史地震活动特征以及震源机制解，可以在一定程度上对未来地震的震中位置、震源深度、地震断层滑动方向做出估计。

3.3.2.3　矩震级与地震断层平均位错的换算

依据标准参考地球模型，潜源区介质剪切模量的取值 $\mu \approx 3 \times 10^{10} \text{Pa}$。

已知地震断层长度、宽度和介质剪切模量，依据地震断层平均位错与震级或地震矩之间的关系式（2.1.1）和式（2.1.2），即

$$M_0 = \mu L W \overline{D}$$

和

$$M_W = 2/3 \lg M_0 - 10.7$$

可以进行地震矩震级与地震断层平均位错之间的换算。

第4章　海啸波传播控制方程

本章介绍海啸波传播特征,讨论海啸波传播的动力学问题,论述海啸传播控制方程。

4.1　海啸传播特征

波动是物质运动的一种重要形式。水波是一类十分常见的波动。海啸波是海水中的一类波动。

波的产生离不开恢复力,水波的产生需要有受扰动而离开平衡位置的水质点回到原来平衡位置的恢复力。在水波理论中,根据恢复力的不同,可以将水波分类:当恢复力是重力时生成的波被称为重力波;当恢复力是表面张力时生成的波被称为涟漪或者毛细波;当恢复力是旋转系统中的科里奥利力(Coriolis force)生成的波被称为惯性波;恢复力也可以是宇宙中太阳和月亮的引力,其生成的波被称为潮汐,等等。

海啸波的恢复力是重力,所以海啸可以被视为海洋中的一类重力波。海洋中的波动,最为常见的是风浪和涌浪,它们的恢复力也是重力,所以风浪和涌浪也是海洋中的重力波。海啸与风浪、涌浪相比较,一个明显的区别是它们的典型周期不同,前者典型周期为10min～2h,而后者典型周期为1～25s。所以,海啸常被视为海洋中的一类长周期重力波。

4.1.1　海啸的波速、波高和周期

海啸在深海大洋区域的传播波速取决于水的深度(图4.1),所以海啸波传播经过深度不同的大洋和海域,波速会增大或减小。在大洋和深海区域,海啸波可达500～1000km/h,然而当靠近海岸时,海啸波速可减小到每小时几十千米。

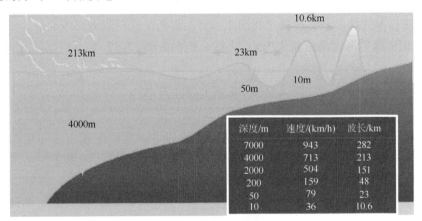

图 4.1　海啸的传播

箭头方向为波的传播方向

　　海啸的波幅也与其传播所到之处的水的深度变化相关。在深海大洋中 1m 波幅的海啸波传播到近岸时，由于波能通量守恒，波高能够增大至十多米甚至更高。

　　海啸波的周期分布范围很广，可从短至几分钟直至长达一小时以上（《海啸手册》，2013 年，巴黎，联合国教科文组织政府间海洋学委员会）。

4.1.2　海啸波的能量分布

　　与风驱动生成的大洋波浪不同，海啸波的产生是整个水体的势能变化造成的海水扰动，而大洋波浪只是海面的扰动。海啸波的能量分布于海水表面直至海底的范围，由风驱动生成的大洋波浪的能量仅分布于海水表层。

　　海啸在大洋和海域的传播过程中，会发生散射、折射和绕射，波的传播方向也会发生变化，波的能量可能汇聚也可能发散。

　　海啸波传播至近岸区域，随着水深的逐渐变浅、传播速度的降低、波长逐渐缩短，海啸波的能量在垂直方向上聚集（《海啸手册》，2013 年，巴黎，联合国教科文组织政府间海洋学委员会）。

4.1.3　近岸区海啸波的形状

　　在近岸区域，受海啸波的规模和周期、近岸区海底地形、海岸形状、海啸波到达近岸区时的潮汐状况以及其他因素的影响和制约，海啸波可形成各种各样的形状。某些情况下，海啸波类似于上涨的潮汐，缓慢地淹没沿海一些低洼区域；而在一些特殊浅海地形和海岸条件下，传播至近岸区域的海啸波可类似一堵垂直的水墙以涌潮（bore）的形式裹挟各类残骸和碎片冲向岸区，因而极具破坏性。有些情况下，也会出现海啸波的前锋到达近岸区时，引起沿岸水面的骤降和水线的快速后退，回退距离甚至能达几千米（《海啸手册》，2013 年，巴黎，联合国教科文组织政府间海洋学委员会）。值得注意的是，即使规模较小的海啸，与之相伴而来的也可能是具有较强流速的海流，如 2011 年 3 月 11 日发生在日本的地震海啸传播至我国东部舟山群岛沈家门附近海域的最大波幅尽管只有 55cm，但局部的海流流速高达 1m/s 以上（王培涛等，2012）。

4.2　海水运动方程

　　物理海洋学中，描述海水运动所依据的流体力学原理以牛顿力学为基础建立，并随湍流理论不断深化而加以完善。将牛顿力学中的质量守恒、动量守恒、角动量守恒和能量守恒定律应用于流体，可以导出描述流体运动的基本方程式。例如，由质量守恒定律可以导出连续方程，由动量守恒定律可以导出动量方程——纳维-斯托克斯方程（Navier-Stokes equation），由角动量守恒定律可以导出涡量守恒。海啸传播是海水的一种特有运动形式，故应遵循流体运动的基本原理，符合流体运动的基本方程。

4.2.1　动量方程

采用笛卡儿坐标系，约定坐标原点取在海水表面，x 轴正方向向东，y 轴正方向向北，z 轴正方向向上（图 4.2）。我们设想在流体内部选取一个正方体流体元，使其在微观上足够大，能保证描述流体元内流体的宏观物理量在统计学的意义上保持稳定，同时还要使其在宏观上足够小，以便可以将流体元视为质点，应用牛顿力学原理描述其运动。依据牛顿第二定律，流体元动量变化为

$$\frac{\mathrm{d}(mV)}{\mathrm{d}t} = F \tag{4.2.1}$$

式中，F 为流体元受到的合力；m 为流体元的质量；V 为流体元的速度。

假设质量恒定，式（4.2.1）可改写成：

$$\frac{\mathrm{d}V}{\mathrm{d}t} = \frac{F}{m} = f_m \tag{4.2.2}$$

式中，f_m 为单位质量流体元所受的合力。

接下来，讨论流体元受到的压强梯度力、科里奥利力、重力。

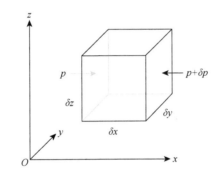

图 4.2　笛卡儿坐标系中的流体元受力示意图

p 为流体元在 x 方向上受到的压力

1）压强梯度力

如图 4.2 所示，在 x 方向上，流体元受到的净力可表示为

$$\delta F_x = p\delta y\delta z - (p+\delta p)\delta y\delta z$$

整理得

$$\delta F_x = -\partial p\delta y\delta z$$

因为

$$\delta p = \frac{\partial p}{\partial x}\delta x$$

所以有

$$\delta F_x = -\frac{\partial p}{\partial x}\delta x\delta y\delta z$$

可写成

$$\delta F_x = -\frac{\partial p}{\partial x}\delta V$$

除以流体元的质量，则得流体元在 x 方向上相应的加速度是

$$a_x = \frac{\delta F_x}{\delta m} = -\frac{\partial p}{\partial x}\frac{\delta V}{\delta m} = -\frac{1}{\rho}\frac{\partial p}{\partial x}$$

y 和 z 方向上相应的加速度可以用同样的方法求得（ρ 为流体元密度）。合并三个方向的加速度表达式，得

$$\boldsymbol{a} = -\frac{1}{\rho}\nabla p \tag{4.2.3}$$

式（4.2.3）表示流体元在不同方向上的所受压强不同而产生的力，该力的方向与流体内压强梯度的方向相反，称为压强梯度力。

2）科里奥利力

选择固定在地球上随地球旋转的坐标系（图4.3），考察流体元单位质量的加速度，有

$$\boldsymbol{a}_f = \left(\frac{\mathrm{d}\boldsymbol{v}}{\mathrm{d}t}\right)_f = \left(\frac{\mathrm{d}\boldsymbol{v}}{\mathrm{d}t}\right)_r + (2\boldsymbol{\Omega}\times\boldsymbol{v}) + \boldsymbol{\Omega}\times(\boldsymbol{\Omega}\times\boldsymbol{R}) \tag{4.2.4}$$

式中，$\boldsymbol{R}$ 为到地心的矢量距离；$\boldsymbol{\Omega}$ 为地球旋转的角速度矢量，其大小为每恒星日 2π 弧度或 7.292×10^{-5} 弧度/s；$\boldsymbol{v}$ 为流体元相对于旋转坐标系（以固定在地球上的坐标表示）的速度；$\boldsymbol{a}_f$ 为绝对加速度；$\left(\frac{\mathrm{d}\boldsymbol{v}}{\mathrm{d}t}\right)_r$ 为相对加速度即相对于旋转坐标系的加速度；$2\boldsymbol{\Omega}\times\boldsymbol{v}$ 为由科里奥利效应引起的单位质量流体元的牵连加速度，数值上与单位质量流体元所受到的非惯性力即科里奥利力相等，$\boldsymbol{\Omega}\times(\boldsymbol{\Omega}\times\boldsymbol{R})$ 为单位质量流体元的离心加速度。

科里奥利力一项［式（4.2.4）右侧第二项］在图 4.2 所示的笛卡儿坐标系中展开，可得到各个方向的分量，x 方向分量为：$2\boldsymbol{\Omega}(v_y\sin\varphi - v_z\cos\varphi)$；$y$ 方向分量为：$2\boldsymbol{\Omega}v_x\sin\varphi$；$z$ 方向分量为：$2\boldsymbol{\Omega}v_x\cos\varphi$，其中，$\varphi$ 为流体元所在的地理纬度。

式（4.2.4）右侧最后一项将包含在下文将要讨论的重力中。

3）重力

两个质量分别为 M_1 和 m 的物体之间万有引力为

$$F_g = \frac{GM_1m}{R^2}$$

式中，R 为两个物体之间的距离；G 为引力常数；F_g 为沿着连接两个物体连线的力矢量。

每单位质量的重力是

$$\frac{F_g}{m} = g_f = \frac{GM_{\mathrm{E}}}{R^2} \tag{4.2.5}$$

式中，M_{E} 为地球的质量。

将离心加速度添加到式（4.2.5），得到重力加速度 $\boldsymbol{g}$（图4.3）。

$$\boldsymbol{g} = \boldsymbol{g}_f - \boldsymbol{\Omega}\times(\boldsymbol{\Omega}\times\boldsymbol{R}) \tag{4.2.6}$$

注意，严格来讲，重力并不指向地球的质心，离心加速度使之产生了一个小角度的偏离。

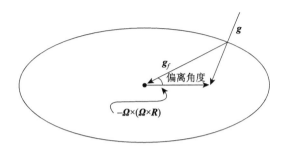

图 4.3　地球表面的重力加速度

重力加速度 g 是单位质量物体所受到的万有引力与地球旋转引起的离心力之和。静止海洋表面必须垂直于 g

将压强梯度力、科里奥利力和重力的表达式代入式（4.2.2），可写成：

$$\frac{\mathrm{d}\boldsymbol{v}}{\mathrm{d}t} = -\frac{1}{\rho}\nabla p - 2\boldsymbol{\Omega}\times\boldsymbol{v} + \boldsymbol{g} + \boldsymbol{F}_r \tag{4.2.7}$$

式中，g 为重力加速度；F_r 为增加的摩擦力。

在笛卡儿坐标系下写出分量，得到动量方程：

$$\frac{\partial u}{\partial t} + u\frac{\partial u}{\partial x} + v\frac{\partial u}{\partial y} + w\frac{\partial u}{\partial z} = -\frac{1}{\rho}\frac{\partial p}{\partial x} + 2\Omega v\sin\varphi + F_x \tag{4.2.8}$$

$$\frac{\partial v}{\partial t} + u\frac{\partial v}{\partial x} + v\frac{\partial v}{\partial y} + w\frac{\partial v}{\partial z} = -\frac{1}{\rho}\frac{\partial p}{\partial y} - 2\Omega u\sin\varphi + F_y \tag{4.2.9}$$

$$\frac{\partial w}{\partial t} + u\frac{\partial w}{\partial x} + v\frac{\partial w}{\partial y} + w\frac{\partial w}{\partial z} = -\frac{1}{\rho}\frac{\partial p}{\partial z} + 2\Omega v\cos\varphi - g + F_z \tag{4.2.10}$$

式中，F_x，F_y 和 F_z 分别为单位质量流体元受到的 x，y 和 z 方向的摩擦力；φ 为纬度。

此外，考虑到大洋和海域的水平方向上的尺度远大于垂直向的尺度，故假设了 $w \ll v$，使 $2\Omega w\cos\varphi$ 已经从式（4.2.10）去除。

式（4.2.8）～式（4.2.10）有不同的名称。莱昂哈特·欧拉（Leonhard Euler）首先提出了外力作用下流体流动的一般形式，这组方程有时称为欧拉方程（Euler equation）或加速度方程。路易·玛丽·亨利·纳维（Louis Marie Henri Navier）加入了摩擦项，所以这组方程有时被称为纳维-斯托克斯方程（Robert，2008）。

4.2.2　连续方程

质量守恒定律是任何物质运动必须遵循的普遍法则。考虑如图 4.4 所示的长方体流体元，以(x, y, z)为中心，该长方体边长分别为 Δx，Δy 和 Δz。根据质量守恒的要求，在给定的长方体空间内的流体质量的增加率必须等于质量流入率和流出率之差。

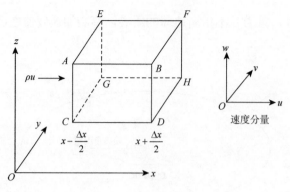

图 4.4　长方体流体元

在 x 方向取 $x-\Delta x/2$ 处的断面 $ACGE$，流体元质量的流入率为

$$\rho(x-\Delta x/2, y, z)u(x-\Delta x/2, y, z)\Delta y\Delta z \tag{4.2.11}$$

式中，括号内表示局地坐标；ρ 为流体元密度；u 为 x 方向流体元的速度分量。式（4.2.11）应用泰勒公式有

$$\left[\rho(x,y,z)u(x,y,z)-\frac{\partial\rho u}{\partial x}\frac{\Delta x}{2}+\cdots\right]\Delta y\Delta z$$

类似地，在 $x+\Delta x/2$ 处断面 $BDHF$，流体质量的流出率应用泰勒公式有

$$\left[\rho(x,y,z)u(x,y,z)+\frac{\partial\rho u}{\partial x}\frac{\Delta x}{2}+\cdots\right]\Delta y\Delta z$$

在 x 方向流入长方体内的质量增加率等于流入率减去流出率，即

$$-\frac{\partial\rho u}{\partial x}\Delta x\Delta y\Delta z+o(\Delta x)^4$$

式中，$o(\Delta x)^4$ 表示泰勒公式的高阶无穷小项，可以忽略。

假定 $\Delta x, \Delta y, \Delta z$ 是同量级，类似 x 方向上的分析，也能得到 y 方向、z 方向流入长方体内的质量增加率：

$$\begin{cases}-\dfrac{\partial\rho v}{\partial y}\Delta x\Delta y\Delta z+o(\Delta x)^4\\[2mm]-\dfrac{\partial\rho w}{\partial z}\Delta x\Delta y\Delta z+o(\Delta x)^4\end{cases}$$

于是长方体的质量增加率是

$$-\left[\frac{\partial\rho u}{\partial x}+\frac{\partial\rho v}{\partial y}+\frac{\partial\rho w}{\partial z}\right]\Delta x\Delta y\Delta z+o(\Delta x)^4$$

考虑这个质量增加率是在时间增量 Δt 内发生，则长方体内的质量增值等于时刻 $t+\Delta t$ 的流体质量减去时刻 t 的流体质量的值，即

$$\left[\rho(t+\Delta t)-\rho(t)\right]\Delta x\Delta y\Delta z=\left[\frac{\partial\rho}{\partial t}\Delta t+o(\Delta t)^2\right]\Delta x\Delta y\Delta z$$

式中，$o(\Delta t)^2$ 为泰勒公式的高阶无穷小项，可忽略。

由于质量必须守恒，在单位时间内长方体空间内流体的增加量必须等于同一时间内通过边界流入的流体质量增加率，于是

$$\left[\frac{\partial \rho}{\partial t}\Delta t + o(\Delta t)^2\right]\Delta x \Delta y \Delta z = -\left[\frac{\partial \rho u}{\partial x} + \frac{\partial \rho v}{\partial y} + \frac{\partial \rho w}{\partial z}\right]\Delta x \Delta y \Delta z \Delta t + o(\Delta t)^4 \Delta t$$

等式两边都有 Δx，Δy，Δz 和 Δt，且允许时间增量和体积尺度趋于零，得到微分方程

$$\frac{\partial \rho}{\partial t} + \frac{\partial \rho u}{\partial x} + \frac{\partial \rho v}{\partial y} + \frac{\partial \rho w}{\partial z} = 0$$

展开乘积项，导出连续方程的微分形式

$$\frac{1}{\rho}\left(\frac{\partial \rho}{\partial t} + u\frac{\partial \rho}{\partial x} + v\frac{\partial \rho}{\partial y} + w\frac{\partial \rho}{\partial z}\right) + \frac{\partial u}{\partial x} + \frac{\partial v}{\partial y} + \frac{\partial \rho}{\partial z} = 0$$

或

$$\frac{1}{\rho}\frac{\mathrm{d}\rho}{\mathrm{d}t} + \frac{\partial u}{\partial x} + \frac{\partial v}{\partial y} + \frac{\partial \rho}{\partial z} = 0 \qquad (4.2.12)$$

式中，左边第一项可用流体容积模 E 表示

$$E = \rho\frac{\mathrm{d}P}{\mathrm{d}\rho} \qquad (4.2.13)$$

$$\frac{1}{\rho}\frac{\mathrm{d}\rho}{\mathrm{d}t} = \frac{1}{E}\frac{\mathrm{d}P}{\mathrm{d}t}$$

式中，P 为压力。

式（4.2.13）给出流体中密度与压力变化的关系。水的容积模 $E = 2.07 \times 10^9\,\mathrm{Nm^{-2}}$，这是一个非常大的数。如果压力增加 $1 \times 10^6\,\mathrm{Nm^{-2}}$，就会使水的密度变化 0.05%。所以，在许多情况下，假设水是不可压缩的流体，这时式（4.2.12）简化为

$$\frac{\partial u}{\partial x} + \frac{\partial v}{\partial y} + \frac{\partial \rho}{\partial z} = 0$$

写成矢量（注意本书中用黑体符号表示）形式，即

$$\nabla \cdot \boldsymbol{u} = 0 \qquad (4.2.14)$$

式（4.2.14）就是流体连续方程。满足式（4.2.14）的流场是无辐散流动，它规定了当流体在某一方向上发生流动变化，则在另一方向上有相应的流动变化，以确保如图 4.4 所示的流体微元中无流体质量的增加（蒋德才，1992）。

4.2.3　海水运动方程的求解

海水运动方程的求解涉及四个方程，三个分量的动量方程加上连续方程，共有四个未知量 u, v, w, p。我们看到，当动量守恒定律应用于流体时，经典力学中一个简单的一阶线性微分方程（牛顿第二定律）变成了几乎不可能求解的非线性偏微分方程组。

我们自然期望含有四个未知量的动量分量方程组和连续方程可以求得解析解，但实际上很难找到求解方案。如果动量方程中加入摩擦力项，求解析解的难度将更大。多年来，人们从两个方面寻求克服这一困难的方案，一方面是简化运动方程，另一方面是通过数值解法求近似解。

4.3　海啸波传播动力学

海啸波传播是一个水波动力学问题，在假设海水密度为常数，且不可压缩的条件下，这一问题可以归为简单的常密度不可压缩流体力学问题（梅强中，1984；蒋德才，1992；吴云岗和陶明德，2011）。

4.3.1　常密度不可压缩流体的数学描述

4.3.1.1　控制方程

1. 常密度不可压缩流体的动量方程（纳维-斯托克斯方程）

考虑质量为 m 的长方体流体元，如果流体处于运动状态，那么切应力就存在，作用在流体元表面的切线方向，它是表面力，具有和压力一样的量纲，但没有压力那样的各向同性的性质。取如图 4.5 所示的笛卡儿坐标系，在长方体流体元的每个面上有两个切应力和一个法向应力，它们相互之间正交。流体内一个确定方向上的应力都可以表示为这样的三个分量。现在规定在 $\left(x+\dfrac{\Delta x}{2}\right)$ 处垂直于 x 轴的面为正 x 面，面上应力为正，记为 σ_{xx}，τ_{xy} 和 τ_{xz}。注意应力的一般表示法，用第一个下标表示与面正交的轴，用第二个下标表示应力的方向。类似地，规定在 $\left(x-\dfrac{\Delta x}{2}\right)$ 处垂直于 x 轴的面为负 x 面，应力有负的 σ_{xx}，τ_{xy} 和 τ_{xz}，它们的方向指向 x，y 和 z 轴的负方向。这里尽管用相同的符号表示 x 轴的正面和负面上的应力，但它们一般具有不同的数值。

长方体流体元的各个面上的应力分量中，有三个应力是包括压力的法向应力，可写成

$$\begin{cases} \sigma_{xx} = -p + \tau_{xx} \\ \sigma_{yy} = -p + \tau_{yy} \\ \sigma_{zz} = -p + \tau_{zz} \end{cases} \qquad (4.3.1)$$

其中，τ_{xx}, τ_{yy} 和 τ_{zz} 表示法向黏性应力。对于流体无黏的情形，有

$$p = -(\sigma_{xx} + \sigma_{yy} + \sigma_{zz})/3 \qquad (4.3.2)$$

如图 4.6 所示，现在考虑 z 为常数的一个截面，由于法向应力和重力的作用点通过长方体流体元的质心，所以只有切应力能产生对 z 轴的力矩。标出使流体元旋转的力偶：用 r 表示流体元对 z 轴的回转半径，那么流体元相对于 z 轴的转动惯量 I_z 可以表示为

$$I_z = mr^2$$

应用角动量定律有

$$M_z = I_z \dot{\omega}_z$$

式中，M_z 为关于 z 轴的合力矩；$\dot{\omega}_z$ 为流体元角加速度的 z 分量。

计算关于 z 轴的合力矩，将切应力代入，得

$$\left(\tau_{yx} - \frac{\partial \tau_{yx}}{\partial y} \frac{\Delta y}{2} \right) \Delta x \Delta z \frac{\Delta y}{2} + \left(\tau_{yx} + \frac{\partial \tau_{yx}}{\partial y} \frac{\Delta y}{2} \right) \Delta x \Delta z \frac{\Delta y}{2} - \left(\tau_{xy} + \frac{\partial \tau_{xy}}{\partial x} \frac{\Delta x}{2} \right) \Delta y \Delta z \frac{\Delta x}{2}$$

$$- \left(\tau_{xy} - \frac{\partial \tau_{xy}}{\partial x} \frac{\Delta x}{2} \right) \Delta y \Delta z \frac{\Delta x}{2}$$

$$= I_z \omega_z$$

流体元质量 $m = \rho \Delta x \Delta y \Delta z$，整理可将上式简化为

$$\tau_{yx} - \tau_{xy} = \rho r^2 \dot{\omega}_z$$

因为 $r^2 \approx (\Delta x)^2 + (\Delta y)^2$，如果角加速度有限，那么当 $\Delta x \to 0$ 和 $\Delta y \to 0$ 时，便有

$$\tau_{yx} = \tau_{xy}$$

同理，考虑 x 和 y 轴的转动惯量分析，并将结果合并写成张量形式，有

$$\tau_{ij} = \tau_{ji} \tag{4.3.3}$$

式中，i, j 分别取 x，y 和 z。可见黏性应力张量是对称张量，9 个应力分量中只有 6 个是独立的，其中 3 个分量是法向应力，另外 3 个分量是切向应力。

再考虑图 4.4 所示的流体元，在 x 方向的速度为 u，所受合力为 F_x，则运动方程可写为

$$m \frac{\mathrm{d}u}{\mathrm{d}t} = F_x$$

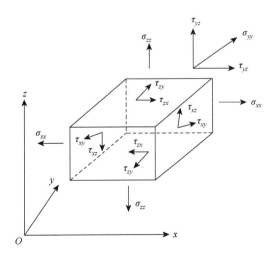

图 4.5　长方体流体元的表面应力

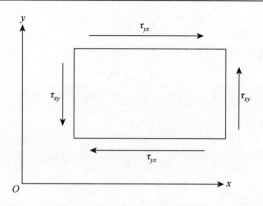

图 4.6　关于 z 轴的切应力矩

综合分析图4.4长方体的六个面上的力,考虑在 x 方向上流体元所受的体力和表面力,可得到:

$$\left[\left(\sigma_{xx}+\frac{\partial \sigma_{xx}}{\partial x}\frac{\Delta x}{2}\right)-\left(\sigma_{xx}-\frac{\partial \sigma_{xx}}{\partial x}\frac{\Delta x}{2}\right)\right]\Delta y\Delta z$$

$$+\left[\left(\tau_{yx}+\frac{\partial \tau_{yx}}{\partial y}\frac{\Delta y}{2}\right)-\left(\tau_{yx}-\frac{\partial \tau_{yx}}{\partial y}\frac{\Delta y}{2}\right)\right]\Delta x\Delta z$$

$$+\left[\left(\tau_{zx}+\frac{\partial \tau_{zx}}{\partial z}\frac{\Delta z}{2}\right)-\left(\tau_{zx}-\frac{\partial \tau_{zx}}{\partial z}\frac{\Delta z}{2}\right)\right]\Delta x\Delta y$$

$$+\rho\Delta x\Delta y\Delta zX=\rho\Delta x\Delta y\Delta z\frac{\mathrm{d}u}{\mathrm{d}t}$$

其中,大写字体的 X 表示作用在单位质量 m 上沿 x 方向的任一体力。

将上式两侧除以长方体体积,合并各项,有

$$\rho\frac{\mathrm{d}u}{\mathrm{d}t}=\frac{\partial \sigma_{xx}}{\partial x}+\frac{\partial \tau_{yx}}{\partial y}+\frac{\partial \tau_{zx}}{\partial z}+\rho X$$

整理得到 x 方向的运动方程:

$$\frac{\mathrm{d}u}{\mathrm{d}t}=-\frac{1}{\rho}\frac{\partial P}{\partial x}+\frac{1}{\rho}\left(\frac{\partial \tau_{xx}}{\partial x}+\frac{\partial \tau_{yx}}{\partial y}+\frac{\partial \tau_{zx}}{\partial z}\right)+X \qquad (4.3.4)$$

通过类似的推导,可得到在 y,z 方向的运动方程:

$$\frac{\mathrm{d}v}{\mathrm{d}t}=-\frac{1}{\rho}\frac{\partial P}{\partial y}+\frac{1}{\rho}\left(\frac{\partial \tau_{xy}}{\partial x}+\frac{\partial \tau_{yy}}{\partial y}+\frac{\partial \tau_{zx}}{\partial z}\right)+Y \qquad (4.3.5)$$

$$\frac{\mathrm{d}w}{\mathrm{d}t}=-\frac{1}{\rho}\frac{\partial P}{\partial z}+\frac{1}{\rho}\left(\frac{\partial \tau_{xz}}{\partial x}+\frac{\partial \tau_{yz}}{\partial y}+\frac{\partial \tau_{zz}}{\partial z}\right)-g+Z \qquad (4.3.6)$$

式中,在 y 和 z 方向的速度分别为 v 和 w;Y 表示作用在单位质量 m 上沿 y 方向的任一体力;Z 表示作用在单位质量 m 上沿 z 方向的除了 $-z$ 方向的重力加速度 g 以外的任一体力。

在应用式（4.3.4）～式（4.3.6）时,必须了解流体中切应力的性质,在水波力学（或海洋波动力学）的许多实际问题中，流动是影响着切应力的复杂的湍流运动，此时必须对切应力加以说明。作为一种近似处理，根据经验知道，黏性应力与速度的局部梯度成比例，即牛顿黏性定理成立，比例系数 μ 称为动力学黏性系数，通常也定义 $\nu = \mu / \rho$ 为运动学黏性系数。凡是服从牛顿黏性定理的流体称为牛顿流体。但牛顿黏性定理仅适用于平行板间的层流运动，不具有普遍性。流体沿各个方向都会有运动，相应的黏性定理应该有更普遍的形式。根据斯托克斯等人的研究，黏性应力的最普遍的形式是变形张量和速度散度的线性组合，即

$$\tau_{ij} = \mu\left(\frac{\partial u_i}{\partial x_j} + \frac{\partial u_j}{\partial x_i}\right) + \acute{\mu}\,\delta_{ij}\frac{\partial u_k}{\partial x_k} \tag{4.3.7}$$

式中，$\acute{\mu}$ 为动力学膨胀黏性系数；δ_{ij} 为 Kronecker-δ 张量。式（4.3.7）确定的应力张量 τ_{ij} 是对称张量。式中的 μ 和 $\acute{\mu}$ 不是相互独立的，纳维和斯托克斯曾给出：

$$\acute{\mu} = -\frac{2}{3}\mu$$

令 $\boldsymbol{x} = (x, y, z)$ 为坐标矢量，z 轴铅直向上，$\boldsymbol{u}(\boldsymbol{x}, t) = (u, v, w)$ 为速度矢量，$\boldsymbol{P}(\boldsymbol{x}, t)$ 为压力，ρ 为密度，g 为重力加速度。$\nu = \mu / \rho$，ν 为运动学黏性系数。

把式（4.3.7）代入式（4.3.4）～式（4.3.6），整理合并，得到矢量形式的纳维-斯托克斯方程：

$$\frac{\partial \boldsymbol{u}}{\partial t} + (\boldsymbol{u} \cdot \nabla)\boldsymbol{u} = -\frac{1}{\rho}\nabla P + \nu\nabla^2 \boldsymbol{u} + \frac{1}{3}\nu\nabla(\nabla \cdot \boldsymbol{u}) - g$$

再整理合并，有

$$\left(\frac{\partial}{\partial t} + \boldsymbol{u} \cdot \nabla\right)\boldsymbol{u} = -\nabla\left(\frac{\boldsymbol{P}}{\rho} + gz\right) + \nu\nabla^2 \boldsymbol{u} \tag{4.3.8}$$

在假定流体常密度且不可压缩的条件下，流体运动满足纳维-斯托克斯方程式（4.3.8）和连续方程式（4.2.14）。

2. 速度势的拉普拉斯（Laplace）方程

从式（4.2.14）和式（4.3.8）可以导出关于涡量矢量 $\boldsymbol{\Omega}$ 的方程。矢量 $\boldsymbol{\Omega}$ 定义为

$$\boldsymbol{\Omega} = \nabla \times \boldsymbol{u} \tag{4.3.9}$$

对式（4.3.8）取旋度，利用式（4.2.14），可得

$$\left(\frac{\partial}{\partial t} + \boldsymbol{u} \cdot \nabla\right)\boldsymbol{\Omega} = \boldsymbol{\Omega} \cdot \nabla\boldsymbol{u} + \nu\nabla^2\boldsymbol{\Omega} \tag{4.3.10}$$

从物理意义上看，式（4.3.10）意味着跟随着运动流体的涡量的变化率分别由涡线的伸缩扭曲（右端第一项）、黏性扩散（右端第二项）产生。水的运动学黏性系数 ν 很小（$\approx 1 \times 10^{-2}\,\text{cm}^2 / \text{s}$），除了在速度梯度很大和涡量很大的区域，式（4.3.10）的末项可以忽略；除了在很薄的边界层中，忽略黏性是良好的近似，这时式（4.3.10）简化成：

$$\left(\frac{\partial}{\partial t}+\boldsymbol{u}\cdot\nabla\right)\boldsymbol{\Omega}=\boldsymbol{\Omega}\cdot\nabla\boldsymbol{u} \tag{4.3.11}$$

$\boldsymbol{\Omega}=\boldsymbol{0}$ 是一类重要的情形，相应的流动称作无旋流动。以 $\boldsymbol{\Omega}$ 点乘式（4.3.11），得

$$\left(\frac{\partial}{\partial t}+\boldsymbol{u}\cdot\nabla\right)\boldsymbol{\Omega}^2/2=\boldsymbol{\Omega}^2\left[\boldsymbol{e}_\Omega\cdot(\boldsymbol{e}_\Omega\cdot\nabla\boldsymbol{u})\right]$$

式中，$\boldsymbol{e}_\Omega$ 为沿 $\boldsymbol{\Omega}$ 的单位矢量。因为在有实际物理意义的场合下速度梯度是有限的，所以 $\boldsymbol{e}_\Omega\cdot(\boldsymbol{e}_\Omega\cdot\nabla\boldsymbol{u})$ 的最大值必定是有限值，设其为 $M/2$，跟随流体质点的 $\boldsymbol{\Omega}^2(\boldsymbol{x},t)$ 的大小不会超过 $\boldsymbol{\Omega}^2(\boldsymbol{x},0)e^{Mt}$。因此，如果 $t=0$ 时刻涡量处处为零，则流动永远保持无旋。

对于无黏、无旋流动来说，速度 $\boldsymbol{u}$ 可表示成速度势 $\boldsymbol{\Phi}$ 的梯度：

$$\boldsymbol{u}=\nabla\boldsymbol{\Phi} \tag{4.3.12}$$

于是，质量守恒要求速度势 $\boldsymbol{\Phi}$ 满足拉普拉斯方程

$$\nabla^2\boldsymbol{\Phi}=\boldsymbol{0} \tag{4.3.13}$$

3. 伯努利（Bernoulli）方程

如果速度势已知，则可由动量方程式（4.3.8），推导出伯努利方程。利用矢量等式

$$\nabla\left(\frac{u^2}{2}\right)=\nabla\left(\frac{\boldsymbol{u}\cdot\boldsymbol{u}}{2}\right)=(\boldsymbol{u}\cdot\nabla)\boldsymbol{u}+\boldsymbol{u}\times(\nabla\times\boldsymbol{u})$$

式（4.3.8）可改写成

$$\frac{\partial\boldsymbol{u}}{\partial t}+\nabla\left(\frac{u^2}{2}\right)-\boldsymbol{u}\times(\nabla\times\boldsymbol{u})=-\nabla\left(\frac{P}{\rho}\right)+\boldsymbol{g}$$

根据无旋的条件 $\nabla\times\boldsymbol{u}=\boldsymbol{0}$，无黏的假定，并考虑 $\boldsymbol{u}=\nabla\boldsymbol{\Phi}$，得

$$\nabla\left[\frac{\partial\boldsymbol{\Phi}}{\partial t}+\frac{1}{2}\left|\nabla\boldsymbol{\Phi}\right|^2+\frac{P}{\rho}+gz\right]=0$$

关于空间变量进行积分之后，整理得

$$-\frac{P}{\rho}=gz+\frac{\partial\boldsymbol{\Phi}}{\partial t}+\frac{1}{2}\left|\nabla\boldsymbol{\Phi}\right|^2+C(t)$$

其中，$C(t)$ 为 t 的任意函数，一般可在不影响速度场的情况下重新定义 $\boldsymbol{\Phi}$，使 $C(t)$ 为零，为此可引进 $\boldsymbol{\Phi}'$，使

$$\frac{\partial\boldsymbol{\Phi}'}{\partial t}=\frac{\partial\boldsymbol{\Phi}}{\partial t}+C(t)$$

$$\nabla\boldsymbol{\Phi}'=\nabla\boldsymbol{\Phi}$$

得到

$$-\frac{P}{\rho}=gz+\frac{\partial\boldsymbol{\Phi}}{\partial t}+\frac{1}{2}\left|\nabla\boldsymbol{\Phi}\right|^2 \tag{4.3.14}$$

式（4.3.14）就是伯努利方程，其右端的第一项 gz 为流体静压对 P 的贡献，而其余的项为流体动压对 P 的贡献。

4.3.1.2　无旋、无黏流动的边界条件

在流体力学中，一般假设边界条件为：①没有垂直于边界的速度，这意味着没有流动通过边界；②没有平行于固体边界的流动，这意味着在固体边界上没有滑移。

1. 水底边界条件

在固定的固体边界，速度的法向分量必须为零，即

$$\frac{\partial \Phi}{\partial n} = 0$$

式中，n 为固定固体边界的单位法矢量，方向指向流体内部。

把这个条件用于深度 $z = -h(x, y)$ 的海水的底部，可以写成：

$$\frac{\partial \Phi}{\partial z} = \frac{\partial \Phi}{\partial x}\frac{\partial h}{\partial x} + \frac{\partial \Phi}{\partial y}\frac{\partial h}{\partial y} = 0 \tag{4.3.15}$$

2. 自由表面边界条件

设自由面的铅直位移为 $\zeta(x, y, t)$，则自由面的方程可写为

$$F(\boldsymbol{x}, t) = z - \zeta(x, y, t) = 0 \tag{4.3.16}$$

如果运动着的自由面上某一几何点 $\boldsymbol{x}$ 的速度表示为 $\boldsymbol{q}$，经过短时间 $\mathrm{d}t$ 后，自由面的方程变成：

$$F(\boldsymbol{x} + \boldsymbol{q}\mathrm{d}t, t + \mathrm{d}t) = 0$$

$$F(\boldsymbol{x}, t) + \left(\frac{\partial F}{\partial \boldsymbol{x}} + \boldsymbol{q} \cdot \nabla F\right)\mathrm{d}t + O((\mathrm{d}t)^2) = 0$$

利用式（4.3.16），对任意的小 $\mathrm{d}t$ 有

$$\frac{\partial F}{\partial t} + \boldsymbol{q} \cdot \nabla F = 0$$

流体质点在自由面上并不是单独的运动，要保持与邻近质点的连续性，自由面上流体的法向速度必定与自由面的法向速度相同，也就是说，自由面上的所有流体质点除了随自由面整体移动外，只能作切向移动。

从而得到 $z = \zeta$ 时：

$$\frac{\partial F}{\partial t} + \boldsymbol{u} \cdot \nabla F = 0 \tag{4.3.17}$$

其等价于 $z = \zeta$ 时：

$$\frac{\partial \zeta}{\partial t} + \Phi_x \zeta_x + \Phi_y \zeta_y = \Phi_z \tag{4.3.18}$$

式（4.3.17）和式（4.3.18）称作自由面上的运动学边界条件。显然，如果 $z = \zeta$ 是运动物体的不可穿透的表面，上述条件也是适用的。式（4.3.17）或式（4.3.18）中，Φ 与 ζ 是未知函数，而且施加在未知表面 $z = \zeta$ 上，因而是复杂的非线性方程。

上述运动学条件未涉及作用力，下面考虑与作用力有关的动力学条件。自由面之下的压力必定等于自由面之上的大气压力 P_a，把伯努利方程式（4.3.14）应用到自由面上，当 $z = \zeta$ 时，得

$$-P_a / \rho = g\zeta + \frac{\partial \Phi}{\partial t} + \frac{1}{2}\left|\nabla \Phi\right|^2 \tag{4.3.19}$$

这就是自由面上的动力学边界条件。

假设海水常密度、不可压缩，为无旋、无黏流动，而且忽略科里奥利效应的条件下，式（4.3.12）和式（4.3.15）～式（4.3.19）共同构成海啸波控制方程的定解问题。

必须指出，在水波研究中，设定理想情况下的水是不可压缩流体以外，能量耗散通常也不考虑，然而事实上，水波传播有三个主要能量耗散源，它们是底摩擦、表面耗散和体内耗散。对于海啸来讲，底摩擦是主要的耗散源，特别是在浅水近岸区域。

4.3.2　浅水长波控制方程及其边界条件

水波方程有多种近似简化形式（王斌和翁衡毅，1981），如保留了非线性项和频散项的布西内斯克（Boussinesq）方程，保留非线性项忽略频散项的非线性浅水方程，同时忽略非线性项和频散项的线性浅水方程，等等。

浅水长波理论是一种近似理论。该理论要求水深与波长之比是小量，从而可以忽略垂直方向的加速度，但不必要求波幅是小量，因此所得的方程是非线性的。浅水长波理论能够对海啸传播现象从物理机制上给予解释。浅水长波方程是描述海啸动力过程最通用的理论方程。

4.3.2.1　浅水长波控制方程

1. 长波方程

采用直角坐标系，原点取在静水面，注意此处用 $\boldsymbol{u} = (u,v)$ 表示水平速度分量，$\nabla = \left(\dfrac{\partial}{\partial x}, \dfrac{\partial}{\partial y}\right)$ 为水平梯度，另用 w 表示垂直速度分量。

长波控制方程有连续方程、动量方程、无旋方程。连续方程式（4.2.14）可改写为

$$\frac{\partial w}{\partial z} + \nabla \cdot \boldsymbol{u} = 0 \tag{4.3.20}$$

如果忽略黏性流体力，动量方程式（4.3.8）可改写为

$$\frac{\partial \boldsymbol{u}}{\partial t} + (\boldsymbol{u} \cdot \nabla)\boldsymbol{u} + w\frac{\partial \boldsymbol{u}}{\partial z} = -\frac{1}{\rho}\nabla P \tag{4.3.21}$$

$$\frac{\partial w}{\partial t} + (\boldsymbol{u} \cdot \nabla)w + w\frac{\partial w}{\partial z} = -\frac{1}{\rho}\frac{\partial P}{\partial z} - g \tag{4.3.22}$$

无旋方程可写为

$$\frac{\partial \boldsymbol{u}}{\partial z} - \nabla w = 0 \tag{4.3.23}$$

$$\frac{\partial u}{\partial y} - \frac{\partial v}{\partial x} = 0 \tag{4.3.24}$$

式中，ρ 为流体密度；g 为重力加速度。

2. 浅水长波方程

下面在浅水的假定下对控制方程进行简化。因为是针对浅水问题，所以存在 μ，有

$$\mu = \frac{h_0}{L} \ll 1 \tag{4.3.25}$$

式中，h_0 为特征水深；L 为特征波长。

一阶浅水波速度表达式为

$$\mu = \frac{A}{h}\sqrt{gh}\cos(kx - \omega t) \tag{4.3.26}$$

$$\mu = \frac{A}{h}\sqrt{gh}\left[kh\left(1 + \frac{z}{h}\right)\right]\sin(kx - \omega t) \tag{4.3.27}$$

式中，A 为波幅；k 为波数；ω 为圆频率。由此可知，μ 的幅值为 $\mu = \frac{A}{h}\sqrt{gh}$，$w$ 的幅值为 $\frac{A}{h}\sqrt{gh}(kh)$。将 $\boldsymbol{u}$ 和 w 无因次化，得

$$\boldsymbol{u}' = \frac{\boldsymbol{u}}{\sqrt{gh_0}}, \quad w' = \frac{w}{\mu\sqrt{gh_0}} \tag{4.3.28}$$

无因次速度 $\boldsymbol{u}'$ 和 w' 的量阶为 $o\left(\frac{A}{h_0}\right)$，将式（4.3.26）和式（4.3.27）及其他变量无因次化为

$$x' = \frac{x}{L}, \quad y' = \frac{y}{L}, \quad z' = \frac{z}{h_0}, \quad t' = \frac{\sqrt{gh_0}}{L}t, \quad \eta' = \frac{\eta}{h_0}, \quad h' = \frac{h}{h_0}, \quad P' = \frac{P}{\rho gh_0} \tag{4.3.29}$$

水平梯度 ∇ 的无因次式为

$$\nabla' = L\nabla = \left(\frac{\partial}{\partial x'}, \frac{\partial}{\partial y'}\right) \tag{4.3.30}$$

接下来用上述无因次量表达控制方程，为了形式简洁，以下略去表示无因次量的撇号，得到以下无因次方程。

连续方程：

$$\frac{\partial \eta}{\partial t} + \nabla \cdot [(h + \eta)\overline{\boldsymbol{u}}] = 0 \tag{4.3.31}$$

动量方程：

$$\frac{\partial \boldsymbol{u}}{\partial t} + (\boldsymbol{u} \cdot \nabla)\boldsymbol{u} + w\frac{\partial \boldsymbol{u}}{\partial z} = -\nabla P \tag{4.3.32}$$

$$\mu^2\frac{\partial w}{\partial t} + \mu^2(\boldsymbol{u} \cdot \nabla)w + \mu^2 w\frac{\partial w}{\partial z} = -\frac{\partial P}{\partial z} - 1 \tag{4.3.33}$$

无旋方程：

$$\frac{\partial \boldsymbol{u}}{\partial z} - \mu^2 \nabla w = 0 \tag{4.3.34}$$

$$\frac{\partial u}{\partial y} - \frac{\partial v}{\partial x} = 0 \tag{4.3.35}$$

由于浅水假定 $\mu \ll 1$，μ^2 为高阶小量，可以忽略不计，另外海啸波的运动中，垂直速度分量 w 与水平速度分量 $\boldsymbol{u}$ 相比可略去不计，取 $w \approx 0$，则式（4.3.31）~式（4.3.34）可简化为

$$\frac{\partial \eta}{\partial t} + \nabla \cdot \left[(h+\eta)\bar{\boldsymbol{u}}\right] = 0 \tag{4.3.36}$$

$$\frac{\partial \boldsymbol{u}}{\partial t} + (\boldsymbol{u} \cdot \nabla)\boldsymbol{u} = -\nabla P \tag{4.3.37}$$

$$0 = -\frac{\partial P}{\partial z} - 1 \tag{4.3.38}$$

$$\frac{\partial \boldsymbol{u}}{\partial z} = 0 \tag{4.3.39}$$

由式（4.3.39）知 $\boldsymbol{u}$ 与垂向坐标 z 无关，即水平速度沿水深为常数，于是有 $\bar{\boldsymbol{u}} = \boldsymbol{u}$。由式（4.3.38）可得压力分布（取自由表面上压力为零，化成有因次形式）

$$P = -\rho g(z - \eta) \tag{4.3.40}$$

即压力为流体静压力。将式（4.3.40）代入式（4.3.37），并将方程写成有因次形式，有

$$\frac{\partial \eta}{\partial t} + \nabla \cdot \left[(h+\eta)\boldsymbol{u}\right] = 0 \tag{4.3.41}$$

$$\frac{\partial \boldsymbol{u}}{\partial t} + (\boldsymbol{u} \cdot \nabla)\boldsymbol{u} + g\nabla \eta = 0 \tag{4.3.42}$$

由于海啸波的运动在空间上是大尺度的，在这里补充考虑科里奥利力，并且为了在应用中模拟实际的海水运动，也考虑黏性流体力，它包括两个部分，一部分是底摩阻项，另一部分是湍流扩散引起的流体作用力，称作湍流涡黏应力。其中湍流涡黏应力

$$\tau = \begin{pmatrix} \tau_{xx} & \tau_{xy} \\ \tau_{yx} & \tau_{yy} \end{pmatrix} \tag{4.3.43}$$

将上述考虑项均加在动量方程式（4.3.37）的右侧，得

$$\begin{cases} \dfrac{\partial u}{\partial t} + \boldsymbol{u} \cdot \nabla u + g\dfrac{\partial \eta}{\partial x} = f_c v - \dfrac{g}{C^2 d}u\sqrt{u^2+v^2} + \dfrac{1}{d}\left(\dfrac{\partial(d\tau_{xx})}{\partial x} + \dfrac{\partial(d\tau_{xy})}{\partial y}\right) \\[4mm] \dfrac{\partial v}{\partial t} + \boldsymbol{u} \cdot \nabla v + g\dfrac{\partial \eta}{\partial y} = -f_c u - \dfrac{g}{C^2 d}v\sqrt{u^2+v^2} + \dfrac{1}{d}\left(\dfrac{\partial(d\tau_{yx})}{\partial x} + \dfrac{\partial(d\tau_{yy})}{\partial y}\right) \end{cases} \tag{4.3.44}$$

式中，$f_c = 2\omega\sin\varphi$，ω 为地球绕地轴旋转的角速度，φ 为地理纬度；C 为曼宁水底摩擦系数；$d = h + \eta$ 为总水深。式（4.3.44）右侧的三项分别对应科里奥利力、底摩阻和湍流涡黏应力。综合式（4.3.41）、式（4.3.42）和式（4.3.44），得到浅水长波控制方程：

$$\frac{\partial \eta}{\partial t} + \nabla \cdot \left[(h+\eta)\boldsymbol{u}\right] = 0$$

$$\frac{\partial u}{\partial t} + \boldsymbol{u} \cdot \nabla u + g\frac{\partial \eta}{\partial x} = f_c v - \frac{g}{C^2 d}u\sqrt{u^2 + v^2} + \frac{1}{d}\left(\frac{\partial(d\tau_{xx})}{\partial x} + \frac{\partial(d\tau_{xy})}{\partial y}\right)$$

$$\frac{\partial v}{\partial t} + \boldsymbol{u} \cdot \nabla v + g\frac{\partial \eta}{\partial y} = -f_c u - \frac{g}{C^2 d}v\sqrt{u^2 + v^2} + \frac{1}{d}\left(\frac{\partial(d\tau_{yx})}{\partial x} + \frac{\partial(d\tau_{yy})}{\partial y}\right) \quad (4.3.45)$$

4.3.2.2　边界条件

1. 自由表面边界条件

$$\frac{\partial \eta}{\partial t} + \nabla \Phi \cdot \nabla \eta = \frac{\partial \Phi}{\partial z}, \qquad z = \eta(x, y, t) \quad\quad\quad (4.3.46)$$

式中，$z = \eta(x, y, t)$ 为自由表面方程；η 为自由水面至海平面的升高；Φ 为速度势。

注意到 $\boldsymbol{u} = \nabla \Phi$ 和 $w = \dfrac{\partial \Phi}{\partial z}$，将式（4.3.46）改写为

$$\frac{\partial \eta}{\partial t} + \boldsymbol{u} \cdot \nabla \eta = w, \quad z = \eta(x, y, t) \quad\quad\quad (4.3.47)$$

对连续方程式（4.3.20）沿水深积分得

$$w\big|_{-h}^{\eta} + \int_{-h}^{\eta} \nabla \cdot \boldsymbol{u}\,\mathrm{d}z = 0 \quad\quad\quad\quad (4.3.48)$$

利用含有变化积分限的定积分求导公式［莱布尼茨（Leibniz）公式］：

$$\frac{\mathrm{d}}{\mathrm{d}t}\int_{a(t)}^{b(t)} f(x,t)\mathrm{d}x = \int_{a(t)}^{b(t)}\frac{\partial f}{\partial t}\mathrm{d}x + \left\{f[b(t),t]\frac{\mathrm{d}b}{\mathrm{d}t} - f[a(t),t]\frac{\mathrm{d}a}{\mathrm{d}t}\right\} \quad (4.3.49)$$

可求得式（4.3.48）中的一项：

$$\int_{-h}^{\eta} \nabla \cdot \boldsymbol{u}\,\mathrm{d}z = \nabla \cdot \int_{-h}^{\eta} \boldsymbol{u}\,\mathrm{d}z - \boldsymbol{u} \cdot \nabla(h + \eta) \quad\quad (4.3.50)$$

边界条件式（4.3.47）可改写为

$$\frac{\partial \eta}{\partial t} + \nabla \cdot \left[(h + \eta)\bar{\boldsymbol{u}}\right] = 0 \quad\quad\quad\quad (4.3.51)$$

式中，$\bar{\boldsymbol{u}}$ 为水深平均速度，即

$$\bar{\boldsymbol{u}} = \frac{1}{h + \eta}\int_{-h}^{\eta} \boldsymbol{u}\,\mathrm{d}z \quad\quad\quad\quad (4.3.52)$$

2. 水底边界条件

假定海底面不能透水，且海底面不随时间变化，水底边界条件式为

$$-\nabla h \cdot \nabla \Phi = \frac{\partial \Phi}{\partial z} \quad\quad\quad\quad (4.3.53)$$

式中，h 为水深。

可将式（4.3.47）改写为

$$-\boldsymbol{u} \cdot \nabla h = w , \quad z = -h(x,y) \tag{4.3.54}$$

4.4　海啸传播的非频散浅水长波控制方程

4.4.1　用于深水区域的线性浅水方程

海啸波在大洋和深海区域的传播通常用不考虑非线性项的线性浅水方程描述。这类方程假设所有不同周期的海啸波都以浅水波速 $\sqrt{gh}$ 行进，忽略底摩擦项，考虑科里奥利力作用。直角坐标下的式（4.3.45）可转换为

$$\frac{\partial \eta}{\partial t} + \nabla \cdot \left[(h+\eta)\overline{u}\right] = 0 \tag{4.4.1}$$

$$\frac{\partial u}{\partial t} + \boldsymbol{u} \cdot \nabla u + g\frac{\partial \eta}{\partial x} = fv \tag{4.4.2}$$

$$\frac{\partial v}{\partial t} + \boldsymbol{u} \cdot \nabla u + g\frac{\partial \eta}{\partial y} = -fu \tag{4.4.3}$$

式中，$\boldsymbol{u}=(u,v)$ 为水平速度分量；$\nabla = \left(\dfrac{\partial}{\partial x}, \dfrac{\partial}{\partial y}\right)$ 为水平梯度；η 为相对于平均海平面的自由表面位移；f 为科里奥利力系数；g 为重力加速度；h 为净水深。整理得

$$\frac{\partial \eta}{\partial t} + \frac{\partial P_1}{\partial x} + \frac{\partial Q}{\partial y} = 0 \tag{4.4.4}$$

$$\frac{\partial P_1}{\partial t} + \frac{\partial}{\partial x}\left(\frac{P_1^2}{H}\right) + \frac{\partial}{\partial y}\left(\frac{P_1 Q}{H}\right) + gH\frac{\partial \eta}{\partial x} = fP_1 \tag{4.4.5}$$

$$\frac{\partial Q}{\partial t} + \frac{\partial}{\partial x}\left(\frac{P_1 Q}{H}\right) + \frac{\partial}{\partial y}\left(\frac{Q^2}{H}\right) + gH\frac{\partial \eta}{\partial y} = fQ \tag{4.4.6}$$

$P_1 = Hu = (h+\eta)u$ 为沿 x 方向单位宽度的通量；$Q = Hv = (h+\eta)v$ 为沿 y 方向单位宽度的通量。

将上述直角坐标下的方程转换为球坐标下线性浅水方程，可以写成：

$$\frac{\partial \eta}{\partial t} + \frac{1}{R\cos\varphi}\left[\frac{\partial P_1}{\partial \psi} + \frac{\partial}{\partial \varphi}(\cos\varphi Q)\right] = 0 \tag{4.4.7}$$

$$\frac{\partial P_1}{\partial t} + \frac{gH}{R\cos\varphi}\frac{\partial \eta}{\partial \psi} - fQ = 0 \tag{4.4.8}$$

$$\frac{\partial Q}{\partial t} + \frac{gH}{R\cos\varphi}\frac{\partial \eta}{\partial \varphi} + fP_1 = 0 \tag{4.4.9}$$

式中，η 为相对于平均海平面的自由表面位移；φ 为经度；ψ 为纬度；R 为地球半径；$H = h+\eta$ 为总水深；P_1 为沿纬度单位宽度的通量；Q 为沿经度单位宽度的通量；f 为科里奥利力系数；g 为重力加速度。

4.4.2　用于浅水区域的非线性浅水方程

海啸在近岸传播过程中，水深逐渐变浅，波高逐渐变大，这时波高与水深的量值接近，波浪的非线性作用明显，此时的海啸波传播速度变为 $\sqrt{g(h+\eta)}$，所以波峰将比波谷传播快一些，使波峰有超过前面波谷的趋势，并且此时底摩擦效应增大，对波形的稳定性有较大影响。考虑底摩擦效应的非线性浅水方程形式如下：

$$\frac{\partial \eta}{\partial t}+\frac{1}{R\cos\varphi}+\left[\frac{\partial P_1}{\partial \psi}+\frac{\partial}{\partial \varphi}\left(\cos\varphi Q\right)\right]=-\frac{\partial h}{\partial t} \tag{4.4.10}$$

$$\frac{\partial P_1}{\partial t}+\frac{g}{R\cos\varphi}\frac{\partial}{\partial \psi}\left(\frac{P_1^2}{H}\right)+\frac{g}{R}\frac{\partial}{\partial \psi}\left(\frac{P_1 Q}{H}\right)+\frac{gH}{R\cos\varphi}\frac{\partial \eta}{\partial \psi}-fQ+F_x=0 \tag{4.4.11}$$

$$\frac{\partial Q}{\partial t}+\frac{g}{R\cos\varphi}\frac{\partial}{\partial \psi}\left(\frac{P_1 Q}{H}\right)+\frac{g}{R}\frac{\partial}{\partial \varphi}\left(\frac{Q^2}{H}\right)+\frac{gH}{R}\frac{\partial \eta}{\partial \varphi}+fP_1+F_y=0 \tag{4.4.12}$$

式中，η 为相对于平均海平面的自由表面位移；φ 为经度；ψ 为纬度；R 为地球半径；h 为净水深；$H=h+\eta$ 为总水深；P_1 为沿纬度单位宽度的通量；Q 为沿经度单位宽度的通量；f 为科里奥利力系数；g 为重力加速度；F_x，F_y 分别为经度和纬度方向的底摩擦力。

4.4.3　频散浅水理论的应用简介

由于地震断层破裂的复杂性、地震断层几何形状的不均匀性以及源区水深特征等因素的影响，由地震触发产生的越洋海啸波，具有较广泛的周期空间，这就导致对于特定的海啸事件在波传播过程中表现出极强的频散特征，不同周期的波具有不同的传播速度。频散的特征会随着传播时间和传播距离的增加而累积，难以用浅水方程来描述。

通用的描述大洋线性频散特征的方法是基于线性布西内斯克（Boussinesq）方程的数学模型。该模型可以较好地模拟大洋中的弱的频散特征，而原始的浅水方程只是对海啸波的一阶近似，方程中没有包含三阶频散项，虽然对近场海啸波到达时间和海啸最大波高均能给出较准确的预报结果，但对远场海啸到达时间及首波后的系列波形的预报却存在较大的偏差。

考虑了三阶物理频散的布西内斯克方程，能较全面地反映海啸传播演变的真实物理特征，这类模型多用于海啸波越洋特征的分析。

目前求解布西内斯克模型，还需借助大规模的高性能计算机系统，计算代价也偏高。

第 5 章　地震海啸数值模拟

本章介绍地震海啸数值模拟所采用的数值模型研究概况以及几种常用数值模型，包括美国国家海啸研究中心（NCTR）研发的 MOST 模型、美国华盛顿大学研发的 GeoClaw 模型、美国康奈尔大学研发的 COMCOT 模型、日本东北大学研发的 TUNAMI 模型和中国国家海洋环境预报中心研发的 CTSU 模型，同时给出了上述各个模型的应用案例。

5.1　地震海啸数值模拟研究

海啸数值模拟是海啸生成机制研究、海啸监测网络设置、海啸危险性分析、海啸灾害风险评价以及实时海啸预警的关键技术。采用可靠的海啸数值模拟方法，模拟海啸的生成、传播、爬高和漫滩的过程，尤其是计算海啸的涌浪高度等一系列数据，可以弥补海啸历史记录资料的不足，模拟海啸在无法量测和观测的场点的情景，不仅可用于研究海啸传播的动力过程，而且可用于探讨海啸波对海岸工程的破坏以及研究触发海啸的地震源的几何特性等。

数值模型是实现海啸数值模拟的标准工具。迄今人们已研发出多种海啸数值模型，根据所基于的流体运动控制方程，可以大致分为 4 类：①基于长波方程浅水理论的模型；②基于布西内斯克方程的模型；③基于完全非线性势流理论的模型；④基于纳维-斯托克斯（Navier-Stokes）方程的模型（姚远等，2007；王培涛等，2011）。

在长波理论中，假设水波在广阔的大洋和海域传播或者在小坡度地区（如河流和大陆架）传播一长段距离时，水质点的垂直加速度与重力加速度相比可以忽略，水质点的垂直运动对压力分布没有影响。

线性浅水方程被广泛用作大洋和深海区域的海啸传播模型。发生在大洋和深海区域的海啸，波长能达几百千米，相对几千米水深而言，水深与波长比是 10^{-2} 数量级，波高与水深比是 10^{-3} 数量级，用忽略非线性项的线性浅水方程，就可以较好地描述海啸在深水中的传播。海啸在大洋中的传播速度高达 $700\sim900$km/h，传播过程中受摩擦力很小，能量衰减微弱。此时线性长波方程是很好的一阶近似。依据这种理论，所有不同周期的海啸波，都是以相同的速度 $\sqrt{gh}$ 前进（g 为重力加速度，h 为水深）。

海啸经过长距离的传播到达距离海啸震源上千千米的海岸，为了准确模拟长距离的海啸传播过程，除了需要考虑地球曲率和科里奥利力作用的影响，还必须考虑频散效应。因为不同传播速度的海啸波频率略有不同而产生的频散能够改变海啸波形，所以这种效应需要在海啸数值模拟中加以考虑。鉴于海啸波的线性或非线性控制方程中没有包含频散项，Shuto（1991）提出频散过程可以利用有限差分算法中固有的数值频散来进行模拟，通过用这种数值算法解决频散效应问题，从而可以用非频散的线性或者非线性方程模拟具有频散的海啸波传播过程。

当海啸波传播至近海或近岸浅水区，波向线逐渐沿着水深变浅方向偏转，波能传播速度逐渐减慢，波后能量的输入率大于波前能量的输出率，导致波长变短，波能沿程累积，巨大水体的能量在垂向和水平方向分布都将变得聚集，海啸波波高陡增，流速变大，非线性影响增大。模拟海啸在近海和近岸浅水区域的传播时，不可忽略长波方程中的非线性项，此时一般要采用包括底摩擦项和非线性项的浅水方程。

基于布西内斯克方程的模型包括经典的布西内斯克方程的模型和特拉华（Delaware）大学改进的布西内斯克方程模型。经典的布西内斯克方程，包括了弱的非线性和频散效应，跨洋传播阶段为考虑到科里奥利力的影响，传播方程可在球坐标系下建立。其基本假设与浅水长波方程类似，非线性和底摩擦的影响在海啸跨洋传播阶段仍不考虑，但海啸行进至岸边并爬高时需要将其加入模拟计算过程中。由于经典的布西内斯克方程模型仅局限于弱的非线性相互作用的情形，而在海啸传播的很多实际情况中非线性效应很强，如当进入浅水在海滩开始爬高的时候，海啸波处于快速演化的状态，此时海啸波有与其他长波（如潮汐等）类似的特点，即波形变陡，或者在到达海岸线之前破碎，或者急速流过近岸地形未发生破碎。模拟这样的过程，弱的非线性布西内斯克方程模型就不再有效了。因此，经典的布西内斯克方程多应用于跨洋传播的频散研究。为完善经典的布西内斯克方程，特拉华大学的 Wei 和 Kirby（1995）改进了经典的布西内斯克方程模型，研发了一个完全非线性的布西内斯克方程模型。

目前较多用于海啸模拟尤其是实时模拟和重现海啸场景的模型，主要是基于长波方程浅水理论的模型和基于布西内斯克方程的模型，最常用的是前一类模型。根据海啸波的特性，对海啸的模拟分为 3 个阶段即生成、传播和爬高阶段。模拟海啸的生成过程，主要是要确定各种震源参数。由于这些参数是数值模拟的初始条件，所以对数值模拟的精确程度起着极其重要的作用。在传播过程中，跨洋传播与行进岸边的海啸波传播有其各自不同的特性，因此一般分为两个传播部分进行数值模拟计算。在实际模拟计算中，由于模型方程以及方程中各项在不同过程中的作用不同，往往对方程做一些变形或者对某些次要项进行忽略，以达到简化方程、节省计算时间和及时得到计算结果的目的（姚远等，2007）。

地震海啸数值模拟通用的做法是，以非频散的浅水长波方程为控制方程，采用数值计算方法进行数值离散化求解，并采用不同的并行计算技术以追求模拟所需的时间尽量缩短，利用计算机语言（如 Fortran、Python 等）编制通用程序，形成专用数值模型。

针对建立和维护海啸实时监测系统成本高、海啸灾害发生频次低、海啸历史数据缺乏的情况，采用海啸数值模型模拟重现海啸过程，是比较有效的预警和灾害风险评估的方法。为提高计算效率，这些模型的构建绝大部分是基于不同数值方法的二维线性或非线性浅水方程。在给定海啸源及精确的水深地形条件下，这样的模型可以较为理想地模拟海啸长距离的传播及近岸淹没过程。

经过近 30 年的努力，不仅海啸数值模型的建模原理和方法研究取得了很大进展，而且海啸数值模拟技术也已被广泛应用于沿海地区的海啸预警、海啸灾害风险评估等领域。

例如，美国 NOAA 太平洋海洋环境实验室海啸研究中心利用 MOST 模型为美国沿海数十个社区进行了海啸风险评估；20 世纪 90 年代以来，中国国家海洋环境预报中心为沿海十多个已建和在建的核电站进行了数值计算分析评估；2011 年日本 3·11 海啸灾害之后，中国国家海洋环境预报中心编制了《海啸灾害风险评估和区划技术导则》《沿海大型工程海啸灾害风险排查技术导则》（内部资料），利用数值模型为江苏、上海、浙江、福建、广东等沿海数省（市）进行了海啸灾害风险评估，为多个核电站、石化工程、大型建筑等工程进行了海啸风险排查；智利、马来西亚、印度尼西亚等面临海啸威胁的国家也利用海啸数值模拟技术不同程度地进行了沿海海啸风险评估。

5.2　常用海啸数值模型

从 20 世纪 90 年代始，美国、日本、中国先后研发了多种基于长波方程浅水理论的海啸数值模型，如美国 NCTR 的 MOST 模型、日本东北大学研发的 TUNAMI2 模型、美国康奈尔大学研发的 COMCOT 模型、中国国家海洋环境预报中心研发的 CTSU 模型、美国华盛顿大学研发的 GeoClaw 等海啸数值模型。

5.2.1　MOST 模型

MOST 模型由 Titov 和 Synolakis（1998）研发，是美国 NCTR 所采用的标准模型（https:// nctr.pmel.noaa.gov/model.html）。该模型可以对地震海啸的生成、深水大洋和近海浅水区域传播、沿海低洼地区的淹没三个发展阶段分别进行数值模拟。

MOST 模型不仅考虑了地球曲率和科里奥利力的影响，而且用有限差分频散格式近似体现海啸波的物理频散效应。采用球坐标下的浅水方程作为控制方程：

$$h_t + \frac{(uh)_\lambda + (vh\cos\varphi)_\varphi}{R\cos\varphi} = 0 \tag{5.2.1}$$

$$u_t + \frac{uu_\lambda}{R\cos\varphi} + \frac{vu_\varphi}{R} + \frac{gh_\lambda}{R\cos\varphi} = \frac{gd_\lambda}{R\cos\varphi} + fv \tag{5.2.2}$$

$$v_t + \frac{uv_\lambda}{R\cos\varphi} + \frac{vv_\varphi}{R} + \frac{gh_\varphi}{R} = \frac{gd_\varphi}{R} - fu \tag{5.2.3}$$

式中，λ 为经度；φ 为纬度；$h = h(\lambda,\varphi,t) + d(\lambda,\varphi,t)$，$h(\lambda,\varphi,t)$ 为振幅，$d(\lambda,\varphi,t)$ 为未被扰动的水深；$u(\lambda,\varphi,t)$、$v(\lambda,\varphi,t)$ 分别为经向和纬向的深度平均速度；g 为重力加速度；f 为科里奥利力参数（$f = 2\omega\sin\varphi$）；R 为地球半径。

MOST 模型采用了分裂离散方法对方程进行数值求解。

5.2.2　GeoClaw 模型

GeoClaw 是 David George（http://www.clawpack.org/geoclaw.html）将 Clawpack 软件应用在海啸波模拟中的软件包，并嵌入了由 Marsha Berger 所开发的自适应网格加密系统来完成对海啸波的自适应捕捉。该模型采用有限体积法求解浅水方程的保守积分形式作为控制方程，用改进的戈杜诺夫（Godunov）方法对方程进行离散求解。自适应网格加密有限体积法特别适合于保守系统求解，允许系统中存在不连续量，能够从根本上捕捉到波分裂等细节。该模型通过高精度、高分辨率的有限体积法求解双曲守恒律。通过将计算区域划分成矩形网格单元，存储质量与动量的单元均置于每个网格单元中，基于改进的戈杜诺夫方法求解相邻网格单元界面处的黎曼问题，同时引入了非线性限制器来抑制数值计算过程中的非物理振荡。模型在空间维度和时间维度都达到了二阶精度，避免了数值耗散项的引入，产生的数值频散恰好弥补了浅水方程未考虑物理频散对远场海啸的模拟误差，均衡算法使数值解既保证了解的光滑以及稳定性，又可以考虑强的激波及解的间断特征，这对模拟研究海啸传播至近岸或与海洋工程结构相互作用时波浪破碎后的水跃是非常重要的。有限体积法可以自然满足海啸淹没特征计算，无需每个时间步判断干湿网格，从而提高了计算效率。

模型考虑了海啸波长距离传播中的科里奥利力效应及在近岸区域传播具有的非线性效应、底摩擦效应，并通过对海啸波高的追踪判断来确定是否进行加密计算，海啸波在大洋中的传播过程使用较粗网格进行模拟计算，当海啸波到达近岸时模型会根据预先的参数设置自动加密到 1′网格，这样就解决了提高分辨率与计算效率之间的矛盾。控制方程采用如下守恒形式：

$$\frac{\partial h}{\partial t} + \frac{\partial}{\partial x}(hu) + \frac{\partial}{\partial y}(hv) = 0 \tag{5.2.4}$$

$$\frac{\partial}{\partial t}(hu) + \frac{\partial}{\partial x}(hu^2 + 0.5gh) + \frac{\partial}{\partial y}(huv) = -gh\frac{\partial b}{\partial x} + fhv - \tau_x \tag{5.2.5}$$

$$\frac{\partial}{\partial t}(hv) + \frac{\partial}{\partial x}(huv) + \frac{\partial}{\partial y}(0.5gh^2 + hv^2) = -gh\frac{\partial b}{\partial y} - fhu - \tau_y \tag{5.2.6}$$

式中，τ_x、τ_y 分别表示 x、y 方向的底摩擦项，可以表示为

$$\tau_x = \frac{gn^2}{h^{7/3}}hu\sqrt{(hu)^2 + (hv)^2} \tag{5.2.7}$$

$$\tau_y = \frac{gn^2}{h^{7/3}}hv\sqrt{(hu)^2 + (hv)^2} \tag{5.2.8}$$

式中，n 为曼宁系数。

模型采用二阶有限体积法计算非线性浅水方程。计算格式采用华盛顿大学 Randall J.

LeVeque 教授发展的一种波动追踪法，此方法是对经典戈杜诺夫方法的改进和拓展。戈杜诺夫方法是通过求解局部黎曼（Riemann）问题精确解来得到全场全流场的数值解，方法的缺陷是一阶精度数值耗散太大，求解局部黎曼问题精确解计算量非常大。Randall J. LeVeque 教授发展的 wave-propagation 法的基本思路受戈杜诺夫方法启发，同样属于间断分解法，但与戈杜诺夫的通量差分法所不同的是，Randall J. LeVeque 基于波动物理量特征直接构造黎曼近似解，这样既提高了计算格式的精度，达到二阶精度，又大大提升了计算效率，对于非守恒双曲系统同样具有很好的适用性。

5.2.3 COMCOT 模型

COMCOT 模型是由康奈尔大学土木与环境工程系 Liu 等（1998）开发的。模型采用标准的模块化设计，模拟海啸的生成、越洋传播、近海和近岸区域传播以及局部淹水过程，已经成功地用于对多个历史海啸事件的模拟。由于 COMCOT 模型开放代码，模块化的设计方便用户选择适用的模拟方案，已被许多国家的研究机构和业务部门所采用。

COMCOT 模型用于研究海啸物理机制具有显著优点。模型采用多层网格嵌套（最多 6 层），可以灵活配置所需坐标系（直角/球面）和控制方程类型（线性/非线性），根据网格尺度选择球坐标系和直角坐标系，根据水深情况选择线性和非线性控制方程。

深水模块通常采用球坐标系下线性方程：

$$\frac{\partial \eta}{\partial t} + \frac{1}{R\cos\varphi} + \left[\frac{\partial P_1}{\partial \psi} + \frac{\partial}{\partial \varphi}(\cos\varphi Q) \right] = 0 \qquad (5.2.9)$$

$$\frac{\partial P_1}{\partial t} + \frac{gH}{R\cos\varphi}\frac{\partial \eta}{\partial \psi} - fQ = 0 \qquad （5.2.10）$$

$$\frac{\partial Q}{\partial t} + \frac{gH}{R}\frac{\partial \eta}{\partial \varphi} + fP_1 = 0 \qquad （5.2.11）$$

浅水模块通常采用球坐标系下非线性方程：

$$\frac{\partial \eta}{\partial t} + \frac{1}{R\cos\varphi} + \left[\frac{\partial P_1}{\partial \psi} + \frac{\partial}{\partial \varphi}(\cos\varphi Q) \right] = -\frac{\partial h}{\partial t} \qquad (5.2.12)$$

$$\frac{\partial P_1}{\partial t} + \frac{g}{R\cos\varphi}\frac{\partial}{\partial \psi}\left(\frac{P_1^2}{H} \right) + \frac{g}{R}\frac{\partial}{\partial \psi}\left(\frac{P_1 Q}{H} \right) + \frac{gH}{R\cos\varphi}\frac{\partial \eta}{\partial \psi} - fQ + F_x = 0 \quad (5.2.13)$$

$$\frac{\partial Q}{\partial t} + \frac{g}{R\cos\varphi}\frac{\partial}{\partial \psi}\left(\frac{P_1 Q}{H} \right) + \frac{g}{R}\frac{\partial}{\partial \varphi}\left(\frac{Q^2}{H} \right) + \frac{gH}{R}\frac{\partial \eta}{\partial \varphi} + fP_1 + F_y = 0 \qquad (5.2.14)$$

式中，η 为相对于平均海平面的自由表面位移；φ 为经度；ψ 为纬度；R 为地球半径；h 为净水深；$H = h + \eta$ 为总水深；P_1 为沿纬度单位宽度的通量；Q 为沿经度单位宽度的通量；f 为科里奥利力系数；g 为重力加速度；F_x、F_y 分别为经度和纬度方向的底摩擦力。

采用有限差分法交错显示蛙跳格式求解长波方程。波高 η 及通量 P_1、Q 在时间和空间上都是交错进行，波高及水深定义在网格中心，体积通量定义在网格边的中点，波高及体积通量的计算是在不同的时间步长上。物理量利用空间上的交错方式计算,增加了数值计算的稳定性。采用蛙跳格式可以利用差分方程的数值频散近似代替波在浅水中传播所带来的物理频散。

5.2.4 TUNAMI 模型

TUNAMI 模型是由日本东北大学灾害科学国际研究所今村文彦(Fumihiko Imamura)等研发(http://www.tsunami.civil.tohoku.ac.jp/hokusai3/)。自 1991 年开始,通过国际大地测量学和地球物理学联合会(IUGG)与联合国教科文组织政府间海洋学委员会共同组织的 TIME(Tsunami Inundation Modeling Exchange)项目计划,TUNAMI 模型被多个国家的研究机构学习、采纳和使用。

模型控制方程为浅水方程。模型含以下 5 个组成部分。

(1)TUNAMI-N1:主要用于近距离海啸模拟,采用线性方程,固定网格;

(2)TUNAMI-N2:主要用于近距离海啸模拟,深水区采用线性方程,浅水区采用非线性浅水方程,包含漫滩模拟,采用固定网格;

(3)TUNAMI-N3:主要用于近距离海啸模拟,采用线性方程,采用变网格;

(4)TUNAMI-F1:主要用于远距离海啸模拟,采用线性方程,模拟海啸大洋传播采用球面坐标;

(5)TUNAMI-F2:主要用于远距离海啸模拟,采用线性方程,模拟大洋传播和近岸传播。

该模型控制方程为

$$\frac{\partial \eta}{\partial t} + \frac{\partial [u(h+\eta)]}{\partial x} + \frac{\partial [v(h+\eta)]}{\partial y} = 0 \tag{5.2.15}$$

$$\frac{\partial u}{\partial t} + u\frac{\partial u}{\partial x} + v\frac{\partial u}{\partial y} + g\frac{\partial \eta}{\partial x} + \frac{\tau_x}{\rho} = 0 \tag{5.2.16}$$

$$\frac{\partial v}{\partial t} + u\frac{\partial v}{\partial x} + v\frac{\partial v}{\partial y} + g\frac{\partial \eta}{\partial y} + \frac{\tau_y}{\rho} = 0 \tag{5.2.17}$$

式中,x 和 y 为水平坐标;t 为时间;h 为静止水深;η 为水位变化;u 和 v 分别为 x 和 y 方向上水的流速;g 为重力加速度;$\frac{\tau_x}{\rho}$ 和 $\frac{\tau_y}{\rho}$ 分别为 x 和 y 方向上的底摩擦力。

其中,式(5.2.15)为连续方程(质量守恒方程),式(5.2.16)和式(5.2.17)为运动方程(动量守恒方程)。

底摩擦力可表示为以下形式:

$$\frac{\tau_x}{\rho} = \frac{1}{2g}\frac{f}{D}u\sqrt{u^2+v^2} , \quad \frac{\tau_y}{\rho} = \frac{1}{2g}\frac{f}{D}v\sqrt{u^2+v^2}$$

式中，D 为总水深（$D = h + \eta$）；f 为摩擦系数。由于摩擦系数 f 与曼宁系数 n 有如下关系：

$$n = \sqrt{\frac{fD^{1/3}}{2g}}$$

所以，底摩擦力又可表示为

$$\frac{\tau_x}{\rho} = \frac{gn^2}{D^{4/3}} u\sqrt{u^2 + v^2} \ , \quad \frac{\tau_y}{\rho} = \frac{gn^2}{D^{4/3}} v\sqrt{u^2 + v^2}$$

另外，M 和 N 分别为 x 和 y 方向上的通量，即

$$M = u(h + \eta) = uD \ , \quad N = v(h + \eta) = vD$$

所以，由上述条件，浅水方程［式（5.2.15）～式（5.2.17）］又可表示为

$$\frac{\partial \eta}{\partial t} + \frac{\partial M}{\partial x} + \frac{\partial N}{\partial y} = 0 \tag{5.2.18}$$

$$\frac{\partial M}{\partial t} + \frac{\partial}{\partial x}\left(\frac{M^2}{D}\right) + \frac{\partial}{\partial y}\left(\frac{MN}{D}\right) + gD\frac{\partial \eta}{\partial x} + \frac{gn^2}{D^{7/3}} M\sqrt{M^2 + N^2} = 0 \tag{5.2.19}$$

$$\frac{\partial N}{\partial t} + \frac{\partial}{\partial x}\left(\frac{MN}{D}\right) + \frac{\partial}{\partial y}\left(\frac{N^2}{D}\right) + gD\frac{\partial \eta}{\partial x} + \frac{gn^2}{D^{7/3}} N\sqrt{M^2 + N^2} = 0 \tag{5.2.20}$$

TUNAMI-N2 模式的基本控制方程为浅水方程式（5.2.18）～式（5.2.20）。

5.2.5　CTSU 模型

CTSU 模型是由我国国家海洋环境预报中心于福江等研发。CTSU 模型分为越洋海啸模型和近海海啸模型。其中，越洋海啸模型采用球面坐标线性浅水方程，近海海啸模型采用直角坐标非线性浅水方程。

越洋海啸模型控制方程：

$$\frac{\partial \eta}{\partial t} + \frac{1}{R\cos\varphi}\left[\frac{\partial M}{\partial \lambda} + \frac{\partial}{\partial \varphi}(N\cos\varphi)\right] = 0 \tag{5.2.21}$$

$$\frac{\partial M}{\partial t} + \frac{gh}{R\cos\varphi}\frac{\partial M}{\partial \lambda} - fN = \frac{1}{R\cos\varphi}\frac{\partial}{\partial \lambda}\left(\frac{h^3 f}{3}\right) \tag{5.2.22}$$

$$\frac{\partial N}{\partial t} + \frac{gh}{R}\frac{\partial \eta}{\partial \varphi} + fM = \frac{1}{R\cos\varphi}\frac{\partial}{\partial \varphi}\left(\frac{h^3 f}{3}\right) \tag{5.2.23}$$

$$F = \frac{1}{R\cos\varphi}\left[\frac{\partial^2}{\partial t \partial \lambda}\left(\frac{M}{h}\cos\varphi\right)\right] \tag{5.2.24}$$

式中，η 为相对于平均海平面的自由表面位移；φ 为纬度；λ 为经度；R 为地球半径；M 为沿纬度方向的通量；N 为沿经度方向的通量；f 为科里奥利力参数；g 为重力加速度。

近海海啸模型控制方程：

$$\frac{\partial \eta}{\partial t} + \frac{\partial M}{\partial x} + \frac{\partial N}{\partial y} = 0 \tag{5.2.25}$$

$$\frac{\partial M}{\partial t} + \frac{\partial}{\partial x}\left(\frac{M^2}{D}\right) + \frac{\partial}{\partial y}\left(\frac{MN}{D}\right) + gD\frac{\partial \eta}{\partial x} + \tau_x D = \frac{gD^3}{6}\left[\frac{\partial^3 \eta}{\partial x^3} + \frac{\partial^3 \eta}{\partial x \partial y^2}\right]$$
$$- \frac{gD^2}{2}\left[\frac{\partial^2}{\partial x^2}\left(D\frac{\partial \eta}{\partial x}\right) + \frac{\partial^2}{\partial x \partial y}\left(D\frac{\partial \eta}{\partial y}\right)\right] \tag{5.2.26}$$

$$\frac{\partial N}{\partial t} + \frac{\partial}{\partial x}\left(\frac{MN}{D}\right) + \frac{\partial}{\partial y}\left(\frac{N^2}{D}\right) + gD\frac{\partial \eta}{\partial y} + \tau_y D = \frac{gG^3}{6}\left[\frac{\partial^3 \eta}{\partial x^3} + \frac{\partial^3 \eta}{\partial x \partial y^2}\right]$$
$$- \frac{gG^2}{2}\left[\frac{\partial^2}{\partial x \partial y}\left(D\frac{\partial \eta}{\partial x}\right) + \frac{\partial^2}{\partial y^2}\left(D\frac{\partial^2}{\partial y^2}\right)\left(D\frac{\partial \eta}{\partial y}\right)\right] \tag{5.2.27}$$

式中，$D = h + \eta$ 为总水深；τ_x，τ_y 分别为 x，y 方向的底摩擦项，可以表示为

$$\tau_x = \frac{gn^2}{D^{10/3}} M\sqrt{M^2 + N^2} \tag{5.2.28}$$

$$\tau_y = \frac{gn^2}{D^{10/3}} N\sqrt{M^2 + N^2} \tag{5.2.29}$$

式中，n 为曼宁系数。

5.3　常用海啸数值模型应用案例

5.3.1　MOST 模型应用案例：2011 年日本东北地区海啸

2011 年 3 月 11 日，日本东北地区（本州东部海域）发生 $M_{\mathrm{w}}9.0$ 级地震，并引发海啸。Wei 等（2013，2014）利用 MOST 模型及单位源数据库模拟了本次海啸对日本近岸的影响。

5.3.1.1　单位海啸源的确定及参数赋值

从不同的实时测量中推断出的用于预测 2011 年 3 月 11 日日本海啸的单位海啸源模型见图 5.1，NCTR 数据库中预先计算出 100km×50km 的海啸源单元。海啸源参数设置见表 5.1。使用这些模型作为输入海啸模型，并将模拟结果与 2011 年日本东北地区海啸的实时测量和调查结果进行了比较。

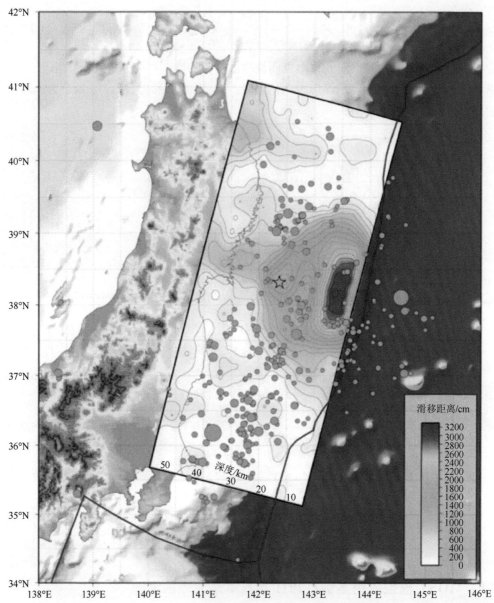

图 5.1　2011 年 3 月 11 日日本本州东部地震引起的叠加在海底地形上的滑动分布的平面投影

五角星表示美国地质调查局确定的 2011 年日本本州东部地震的震中；红线表示主要板块边界；
灰色圆圈表示按震级大小的余震位置

表 5.1　海啸源参数

海啸源单元	经度	纬度	走向/(°)	倾角/(°)	滑动角/(°)	震源深度/km	滑动量/m
1	143.5273°E	40.3125°N	185	19	90	5.0	4.66
2	143.4246°E	39.4176°N	185	19	90	5.0	12.23
3	143.2930°E	38.5254°N	188	19	90	5.0	21.27
4	142.7622°E	38.5837°N	188	21	90	21.3	26.31

续表

海啸源单元	经度	纬度	走向/(°)	倾角/(°)	滑动角/(°)	震源深度/km	滑动量/m
5	143.0357°E	37.6534°N	198	19	90	5.0	4.98
6	142.5320°E	37.7830°N	198	21	90	21.3	22.75

5.3.1.2　数值模拟

海啸传播过程采用 MOST 模型进行模拟。模式采用线性浅水方程, 球坐标, 数值频散代替物理频散。MOST 模型采用嵌套网格模拟海啸从传播到淹没的整个过程, 其中外层的大网格用于海啸在大洋的传播模拟, 内层的小网格用于海啸在沿海岸边的淹没模拟。网格大小设置从外到内分别为: 外层 2min（约 3.6km）、中间层 15s（约 450m）、内层 2s（约 60m）。

5.3.1.3　模拟结果与讨论

对日本东部沿海分成了 11 个岸段海啸造成的淹没进行模拟。

本次地震海啸过后, 经过众多科学家调查, 上述岸段最大海啸波幅达 39.7m, 最大海啸淹没深度约 19.5m, 海啸深入内陆超过 5km。

实测数据与模拟数据对比显示, 模拟结果基本符合实际观测情况。多个沿海地区的淹没模拟准确率平均高达 85% 以上（图 5.2, 图 5.3）。

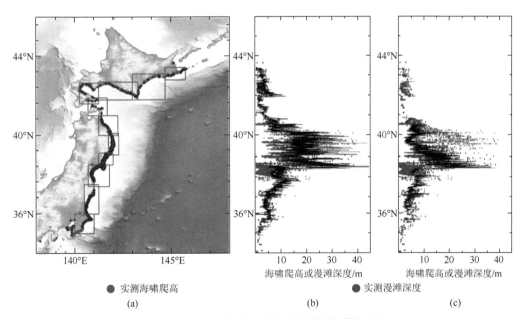

  ● 实测海啸爬高　 海啸爬高或漫滩深度/m　 ● 实测漫滩深度　 海啸爬高或漫滩深度/m

    (a)　 (b)　 (c)

图 5.2　日本东部沿岸的海啸波幅实测与模拟对比

（a）沿日本太平洋海岸线将日本东部沿海分成了 11 个岸段；（b）基于海啸测量/GPS 反演所得海啸源计算的海啸爬高、漫滩深度与实测海啸爬高、实测漫滩深度的比较；（c）基于美国地质调查局有限断层模型海啸源计算海啸爬高、漫滩深度与实测海啸爬高、实测漫滩深度的比较

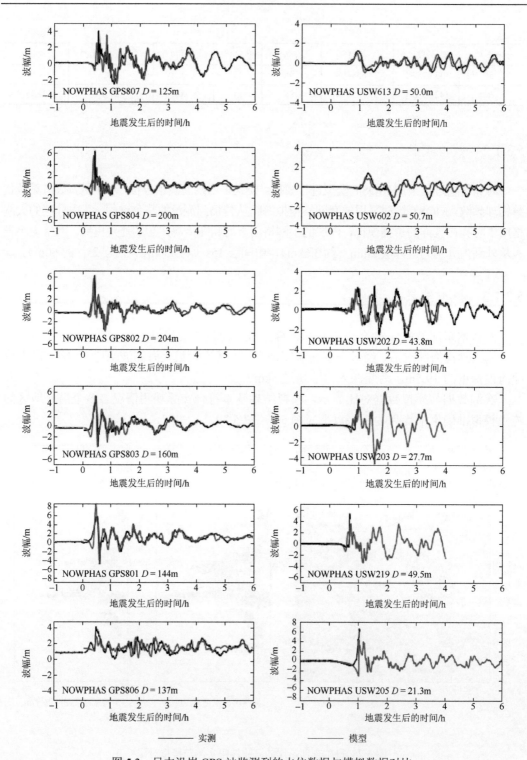

图 5.3　日本沿岸 GPS 站监测到的水位数据与模拟数据对比

NOWPHAS（The Nationwide Ocean Wave information network for Ports and Harbours）为日本全国港湾海洋波浪情报网的英文简称。GPS801、USW219 等为观测站编号，其中 GPS 表示该站是利用 GPS 来测波浪，USW 表示该站利用超声波来测波浪。D 为观测站当地的水深

5.3.2　GeoClaw 模型应用案例：2010 年智利大海啸

2010 年 2 月 27 日 06 时 34 分（北京时间 27 日 14 时 34 分），南美洲智利中南部近岸（36.1°S，72.6°W）发生 8.8 级地震，震源深度为 35km（图 5.4）。这次大地震引发了泛太平洋范围的海啸。于福江等（2011a，2011b）利用 GeoClaw 模式模拟了这次地震海啸的生成和传播过程，分析了此次海啸对智利周边地区和中国沿海地区的影响。

5.3.2.1　震源参数选取及初始海啸波场计算

根据文献温瑞智等（2008）中的经验公式计算断层长度、断层宽度、滑移量。断层倾角、滑移角、走向角采用美国地质调查局（USGS）提供的震源机制解数据（表 5.2）。将这些震源断层参数输入断层模型获得地震海啸数值模型所需的源区海啸波初始位移场。利用 Mansinha 和 Smylie（1971）模型计算得到海啸初始位移场分布情况（图 5.5）。模拟计算出的最大海面抬升为 + 6.91m，最大下沉位移量为−1.44m。

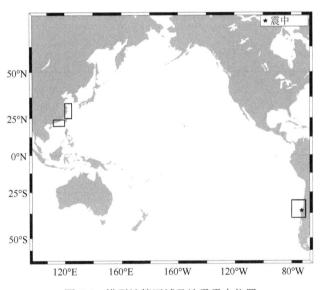

图 5.4　模型计算区域及地震震中位置

图中黑色五角星为震中位置，矩形框为近岸加密区域，分辨率为 1′

表 5.2　地震海啸源参数设置

参数	表示符号	参数值
断层长度/km	L	316
断层宽度/km	W	158
滑移量/m	D	15.8
倾角/(°)	δ	104
滑移角/(°)	λ	19
断层走向角/(°)	Φ	14

续表

参数	表示符号	参数值
断层顶部深度/km	d	35
矩心位置	(x_0, y_0)	35.77°S，72.47°W

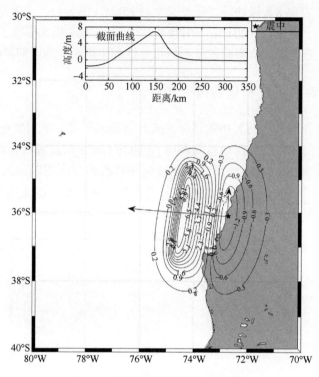

图 5.5　海啸初始位移场和剖面曲线

5.3.2.2　海啸数值模拟

选取基于波浪追逐原理和自适应网格加密技术的海啸数值模型（GeoClaw）作为此次数值模拟的模型。海啸波在大洋中的传播过程使用较粗网格分辨率进行计算，当海啸波到达近岸时模型会根据预先的参数设置自动加密到 1′网格分辨率，模拟所使用的地理信息数据均来源于 ETOPO1 数据库。计算区域为 95°E～65°W，60°S～70°N（图 5.4）。模型计算时大洋中采用 5′网格分辨率计算，我国近海采用 1′分辨率进行计算。波浪追踪加密判断标准为 1cm。

5.3.2.3　模拟结果与讨论

1. 智利周边区域海啸波模拟

地震发生 20min 后，观测资料显示地震海啸已经袭击了智利中部港口城市塔尔卡瓦诺

（Talcahuano），海啸波幅达 2.34m。图 5.6 是数值计算得到的 Talcahuano 潮位站位置的
海啸波幅图和实测先导波波幅以及到达时间（时间序列资料未能获得，这里只表现了
先导波到达时间以及先导波振幅）；从对比的结果可以看出模拟计算得到的海啸先导
波无论从位相还是波幅都与实际数据相吻合。随后智利瓦尔帕莱索（Valparaíso）验潮
站、32412 海啸浮标和美国的 51406、46412、43412 海啸浮标也先后监测到 0.06～1.4m
的海啸波。对比计算得到的 43412、46412、51406、32412 及 Valparaíso 五个位置的海
啸波与实测海啸波情况，模拟结果成功再现了海啸波在上述 5 个位置的传播序列，拟
合效果良好（图 5.7）。

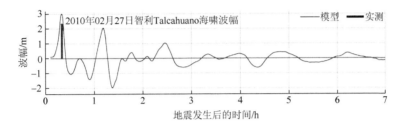

图 5.6 Talcahuano 站模拟结果（实线）与实测海啸头波记录对比

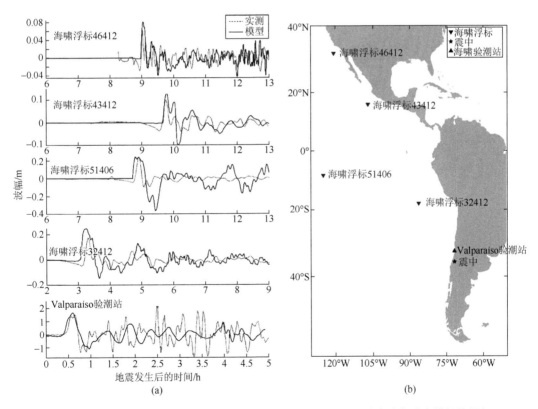

图 5.7 海啸浮标 46412、43412、51406、32412 和 Valparaíso 验潮站各站点模拟结果与
实测数据对比（a）及各站点位置分布（b）

2. 我国沿海区域海啸波模拟

从智利海啸越洋传播过程可以看出，海啸波 25h 后抵达我国沿海，我国沿海的海洋监测系统也监测到了 5～28cm 的海啸波。分别对海啸波在我国东海海区、台湾东部海域及南海海区的传播进行重点模拟，模拟结果与实测数据吻合良好（图 5.8～图 5.10）。

从上述 21 个所选验潮站和浮标点的模拟情况可以看出，尽管模拟的全过程与实况比较不尽如人意，但就海啸波先导波的模拟而言，无论从位相还是幅值来考察，均表明所采用的地震海啸模型对越洋海啸具有较好的模拟能力，利用此模型计算得到的海啸波是可信的。

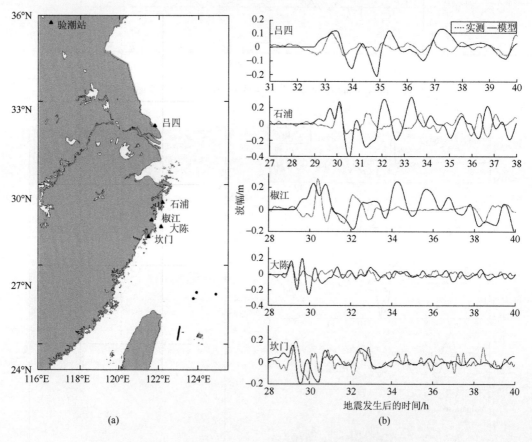

图 5.8　所选站点位置分布（a）以及模拟结果与实测数据对比（b）

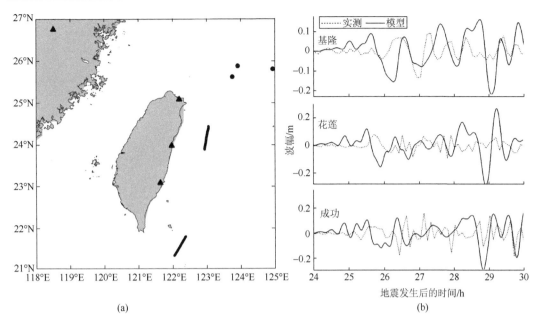

图 5.9　我国台湾地区所选站点位置分布（a）以及模拟结果与实测数据对比（b）

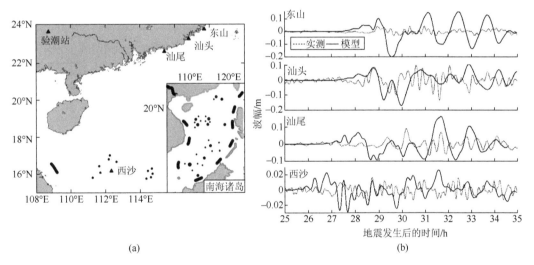

图 5.10　我国南海所选站点位置分布（a）及模拟结果与实测数据对比（b）

5.3.3　COMCOT 模型应用案例：2011 年日本东北地区海啸

2011 年 3 月 11 日 13 时 46 分（北京时间），在日本东北地区（142.4°E，38.3°N）发生 M_W9.0 级特大地震，震源深度 20km（图 5.11）。这是日本近海发生最强烈的一次大地震，并引发了太平洋范围的海啸。

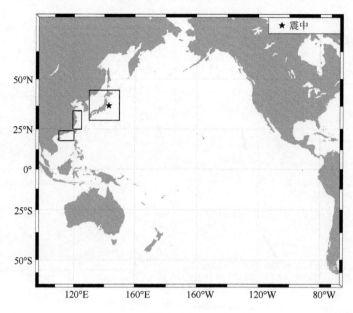

图 5.11　模拟区域及网格设置

矩形框为近岸加密区域分辨率 1′

　　王培涛等（2012）利用海啸数值模型对此次地震海啸的产生、越洋传播过程进行了数值模拟，给出了海啸波能量在我国近海及泛太平洋区域分布特征；同时重点模拟分析了海啸波在日本及中国近海传播的波动特征，模拟结果与观测数据吻合良好。最后通过对数值模拟结果的分析，阐述了此次海啸对中国的影响，给出了潜在的日本地震海啸对中国的风险估计。

5.3.3.1　震源参数选取及初始海啸波场计算

　　引用美国地质调查局（USGS）的震源机制解作为震源参数，断层长度（L）、宽度（W）根据温瑞智等（2008）中的经验公式计算。本书采用 Okada 的理论模型进行海啸波初始场的计算，结果见图 5.12。从断层模型计算的结果可知，最大海面抬升为 + 8.86m，最大下沉位移量为–4.99m。

5.3.3.2　海啸数值模拟

　　选用 COMCOT 海啸模型作为研究模型。

1. 日本海啸越洋传播数值分析

　　模拟采用两层嵌套网格（图 5.11），基础地理信息数据为 NGDC 的 ETOPO5 和 ETOPO1 海底地形资料，海底变形采用前节中的计算结果，模拟时间为发震后 24h。模拟方案采用的海啸源参数见表 5.3。

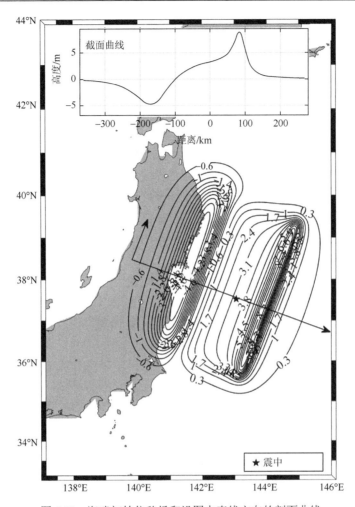

图 5.12　海啸初始位移场和沿图中直线方向的剖面曲线

表 5.3　地震海啸源参数设置

参数	符号	参数值
矩心位置	(x_0, y_0)	（143.03°E，37.68°N）
断层范围/km²	$S = L \times W$	447×224
滑移量/m	D	22.38
走向角/(°)	θ	201
倾角/(°)	δ	9
滑移角/(°)	λ	85
断层顶部深度/km	d	20

震后约 30min，位于日本近岸的验潮站监测表明强震引发的第一波海啸已经袭击了震中附近的 Ofunato 和 Miyako 港，记录到的海啸波幅分别为 8.0m 和 8.5m；随后海

啸袭击了仙台机场和福岛第一核电站。大海啸肆虐日本沿岸后，迅速抵达太平洋中部岛国及沿岸国家。巴布亚新几内亚北部岛屿监测到 1.04m 的海啸波，波浪衰减因子为 0.1224，海啸到达夏威夷群岛时的最大海啸波为 1.27m，美国克雷森特城（Crescent City）验潮站监测到最大 1.88m 海啸波，波浪衰减因子为 0.2212；在南美洲智利沿岸测得最大 1.5m 海啸波，波浪衰减因子为 0.1765。此次海啸波穿越整个太平洋所需时间为 23h，平均传播速度达到 700km/h。

从数值模拟结果来看，此次海啸波能主传播方向为东南方向，另外北东北及南东南两个方向为海啸波能的次传播方向，这与太平洋区域实测海啸高度的分布特征相吻合；当海岭的走向不偏离海啸传播的方向时，大洋海岭和环绕大陆的陆架区是海啸波传播的天然波导管和海洋地震波能量聚集器，远离海啸源决定波能量流方向的唯一因素就是海底地形，大洋海岭对引导波能分布起着重要的作用，而主要的能量流也都在主要的海岭处聚集，并呈现带状分布（王培涛等，2012）。

2. 海啸近场传播特征数值模拟

地震发生 1h 后，观测资料表明地震产生的海啸已经袭击了日本本州东北大部分沿海城市。日本沿岸 Miyako、Ofunato 两个验潮站分别监测到 8.0m 以上的海啸波，随后两个站位的验潮仪被海啸摧毁，数据显示以及本书的模拟结果来看，上述两处海啸波应该在 9~10m。可以清楚地看出，无论是深海浮标，还是近岸的验潮站，本书的模拟结果中的振幅及海啸波位相均与实测数据吻合良好，说明该模型对近场海啸的模拟精度是非常可信的；通过波谱分析可知海啸波主周期为 30~50min，根据当地的水深可以推算海啸波到达近岸时波长可以达到 20km 以上。从模拟的结果来看，仙台机场和福岛第一核电站处的海啸波达到 10m 以上，最大平均流速超过 9m/s。在这样的"巨浪"面前世界第一防波堤瞬间被摧毁。由此我们不难想象位于海啸能量传播主轴方向上的仙台机场和福岛第一核电站两地为何受到如此重创。

3. 海啸在我国近海的传播及对中国的影响

2011 年 3 月 11 日 17 时 40 分，海啸波开始影响我国台湾东部沿海，花莲、成功、苏澳、基隆、龙洞等地监测到 5~20cm 的海啸波振幅；11 日晚间 20 时 20 分起，我国浙江、福建及广东沿岸陆续受到海啸波影响，浙江沈家门、大陈、坎门、石坪、石浦、健跳、福建东山及广东汕头、汕尾等潮位站先后监测到振幅为 10~60cm 的海啸波，其中浙江石浦和沈家门潮位站监测到的海啸波最大，分别为 55cm 和 52cm，波幅衰减因子为 0.0647（图 5.13，图 5.14）。这也是 1949 年以来我国利用仪器测得的最大海啸波记录。从模拟结果来看，我国的江苏南部至福建北部、闽南至珠江口沿岸为主要受影响区域，其中，浙江中部至长江口一带沿海为严重影响区域，近岸海啸达到 1m 以上。

模型计算的海啸先导波波幅和到达时间均与观测数据吻合良好，而对后续波动的模拟相对近场传播结果仍存在一些差距。整体而言，该模型对于海啸的近场及远场的传播特征均能给出较为合理的模拟结果，特别是该模型的多层嵌套计算，可以方便地应用于越洋海啸的多尺度传播过程的研究。

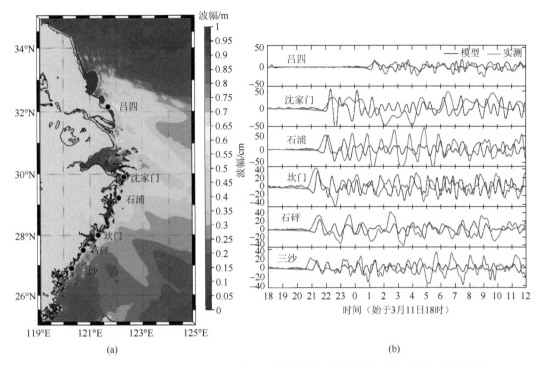

图 5.13　福建北部至江苏南部一带沿海海啸能量分布及典型站点海啸时间序列数值模拟

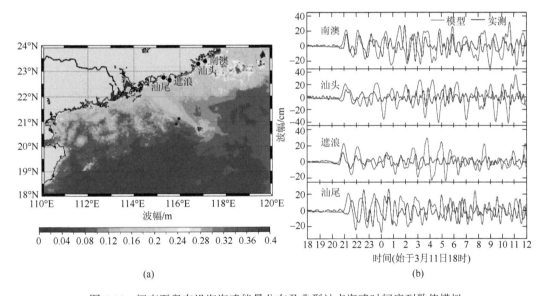

图 5.14　闽南至粤东沿海海啸能量分布及典型站点海啸时间序列数值模拟

5.3.3.3　模拟结果与讨论

利用海啸数值模型模拟分析了海啸波的越洋传播及在日本近海和我国东南沿海的传播特征；模拟结果与观测数据拟合良好。通过对数值模拟结果的分析获得了日本海啸能量分布特征，得出仙台机场及福岛第一核电站处海啸波剖面，分析了近场海啸传播特征及致灾原因；海啸波传播到中国沿海，波浪衰减因子为 0.0647。我国的江苏南部至福建北部、闽南至珠江口沿岸为主要受影响区域，其中浙江中部至长江口一带沿海为严重影响区域，近岸海啸达到 1m。研究发现苏北辐射沙洲群对海啸波的传播起到了非常好的抑制作用。通过数值模拟定量分析了日本东北海啸对中国沿海的危险性分布，得出日本东北部海啸对中国沿海具有造成灾害的风险。

5.3.4　TUNAMI 模型应用案例：2010 年智利大海啸

北京时间 2010 年 2 月 27 日智利发生 8.8 级地震（震中位置：72.7°W，35.8°S）并引起海啸，2010 年智利海啸是一个典型的越洋海啸，不仅智利沿海受灾严重，太平洋多个海啸浮标，甚至远在大洋对岸的日本也监测到了明显的海啸波。

日本东北大学防灾研究所（Disaster Control Research Center，Tohoku University）利用 TUNAMI 模式对本次海啸进行了模拟，详见：http://www.tsunami.civil.tohoku.ac.jp/hokusai3/J/events/chile_100227/chile_100227.html）。

5.3.4.1　地震海啸源参数

本次地震海啸源参数取自美国地质调查局，地震海啸源的断层参数见表 5.4。

表 5.4　地震海啸源参数

参数	断层长度/km	断层宽度/km	走向角/(°)	倾斜角/(°)	滑动角/(°)	滑动量/m
参数值	450	100	16	14	104	15

5.3.4.2　海啸数值模拟

由于是越洋海啸，远场模拟采用了线性浅水方程，近场模拟采用非线性浅水方程，分别用于大洋海啸和近岸的模拟。空间网格数据采用 GEBCO 的数据，其中大洋空间分辨率为 5′，近岸空间分辨率为 0.5′。模拟计算范围为 60°N～60°S，120°E～60°W（图 5.15）。数值格式采用蛙跳有限差分法（日本东北大学的 TUNAMI-CODE）。

5.3.4.3　模拟结果与讨论

海啸波初始位移场见图 5.16。全场最大海啸波幅分布见图 5.17。塔尔卡瓦诺（Talcahuano）海湾、孔斯蒂图西翁（Constituciòn）沿岸、瓦尔帕莱索（Valparaíso）沿岸海啸波模拟结果见图 5.18～图 5.20。

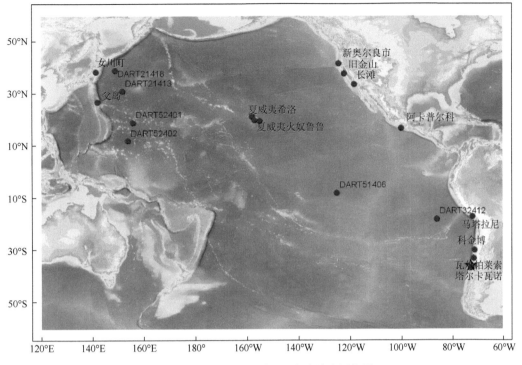

图 5.15　模拟计算范围以及海啸波实测位置

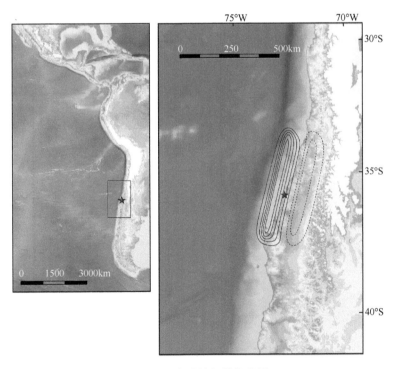

图 5.16　海啸波初始位移场

图中红色五角星表示震中位置

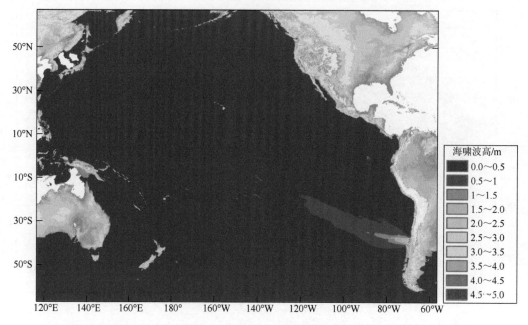

图 5.17　全场最大海啸波幅分布

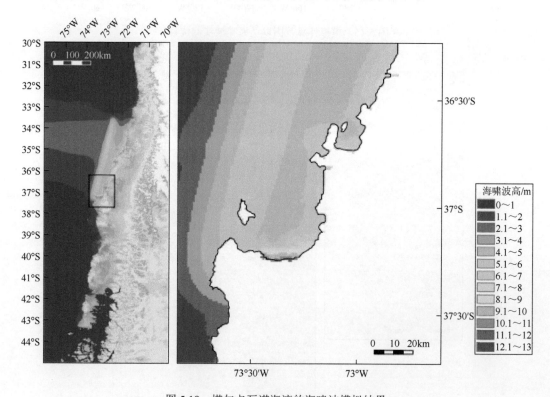

图 5.18　塔尔卡瓦诺海湾的海啸波模拟结果

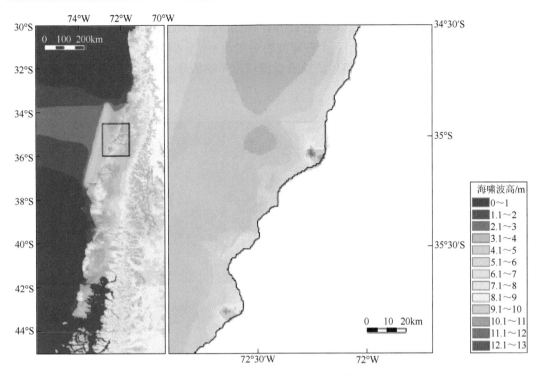

图 5.19　孔斯蒂图西翁沿岸的海啸波模拟结果

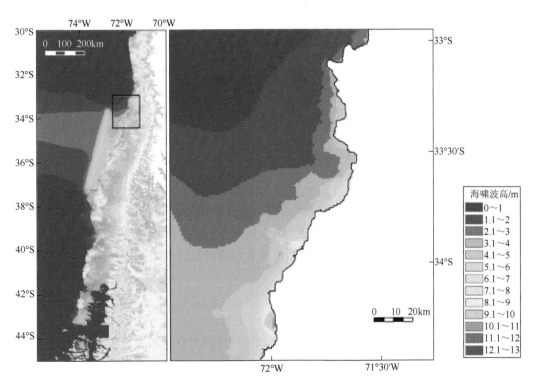

图 5.20　瓦尔帕莱索沿岸的海啸波模拟结果

　　海啸波传播到日本近岸后，日本沿海的海洋站也有监测数据，可与模拟结果（图 5.21）进行对比。对比结果显示，初始几个海啸波的对比还不错，但后续的波形对比差异较多，估计是沿海地形错综复杂，模拟用的地形数据精度不够所致。不过这用于海啸预警和减灾评估也足够了。

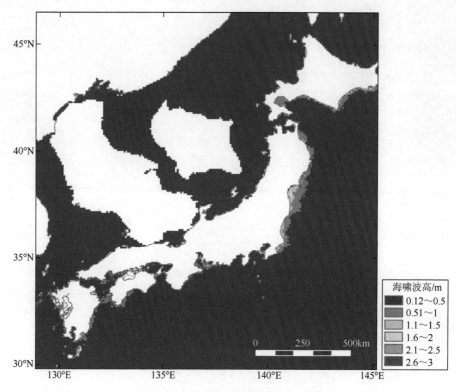

图 5.21　日本沿岸海啸波模拟结果

5.3.5　CTSU 模型应用案例：2014 年智利海啸

　　2014 年 4 月 2 日 07 时 46 分（北京时间），南美洲智利北部近海（70.776°W，19.610°S）发生 8.2 级地震，震源深度 25 km。地震引发了海啸波，在地震发生后的几个小时内，海啸波到达了智利、秘鲁、厄瓜多尔沿海，为当地多个海洋站测到。

　　赵联大等（2014）利用 CTSU 海啸数值模式对这次智利海啸进行了数值模拟。

5.3.5.1　地震海啸源位置

　　南美洲太平洋东岸是东南太平洋的纳斯卡板块与南美板块的交界地带，是环太平洋地震带其中一段。纳斯卡板块以南部 80mm/a、北部 65mm/a 的速度俯冲到南美板块下（https://earthquake.usgs.gov/earthquakes/eventpage/usb000jyiv/executive）。板块作用造就了南美近海的秘鲁-智利海沟和南美陆地上的安第斯山脉。这一典型的海底俯冲带构造极易引发地震海啸。沿海岸呈南北方向狭长分布的智利处于这一俯冲带上。历史上，智利近海和陆地区域地震多发，其中部分发生于海域的地震引发了海啸。

毗邻南美洲的东南太平洋绝大部分海域水深数千米，只是在南美沿岸 100km 以里，水深才迅速变浅。

5.3.5.2　海啸数值模拟

采用 Okada 海啸源模型计算海啸波初始场。本模拟计算中断层走向角（θ）、断层倾斜角（δ）、断层滑动角（λ）、震源深度（D）等参数取自美国地质调查局（USGS）的震源机制解（https://earthquake.usgs.gov/earthquakes/eventpage/usp000dqs0/moment-tensor），断层长度（L）、断层宽度（W）、断层滑动量（d）则是利用经验公式计算得出（表 5.5）。

表 5.5　地震海啸源参数设置

参数	符号	参数值
震中位置	(x_0, y_0)	（70.776°W，19.610°S）
震源深度/km	D	25
断层长度/km	L	158
断层宽度/km	W	79
断层滑动量/m	d	7.9
断层走向角/(°)	θ	358
断层倾斜角/(°)	δ	12
断层滑动角/(°)	λ	107

采用线性海啸数值模型模拟海啸波传播。选用基于浅水方程的 CTSU 海啸数值模型，控制方程组为越洋海啸模型采用球面坐标线性浅水方程组，近海海啸模型采用直角坐标非线性浅水方程组。采用半隐式有限差分格式求解控制方程，差分格式为蛙跳格式。模拟采用美国 NOAA/NGDC 的 ETOPO1 水深和陆地高程数据。计算区域范围为 45°S～5°N，115°W～65°W。空间网格分辨率设置为 2′。由于不具备南美近海高精度的水深地形数据，无法采用高精度的嵌套网格模拟近岸的海啸，采用格林公式（Wang et al.，2012）对近岸区域的海啸波高计算结果进行修正。

对于沿岸网格点（湿点），应用如下格林定律确定波幅值：

$$A_c = A_0 (H_0 / H_c)^{1/4}$$

式中，A_c 和 A_0 为海岸点（模型海岸湿润点，或离开陆地的第一个海洋格点）和对应的近海点的波振幅；H_c 和 H_0 分别为同一海岸点和同一离岸点的水深。近海点是离岸湿点最近的模型格点，水深为 $H_0 \geqslant H_d$，这里的 H_d 定义为

$$H_\mathrm{d} = \frac{1}{g}(8\Delta x / P)^2$$

式中，Δx 为网格大小；$P = 10\mathrm{min}$。该式表示给定网格大小 Δx 时，波动周期为 10min，如果水深等于或大于 H_d，则可以求解（这意味着每一波长至少有 8 个格点）。换句话说，格林定律中的近海波振幅必须由可分辨波导出。在 30 弧秒分辨率时，$H_\mathrm{d} = 15.5\mathrm{m}$，这意味着近海点可以非常接近实际的海岸点。在 4 弧分分辨率时，$H_\mathrm{d} = 992\mathrm{m}$。格林定律适用于暴露在开放海洋中的线性海岸线，而且是在波浪没有显著反射、断裂和消散的情况下。

5.3.5.3　结果与讨论

监测显示，地震发生 20min 后，海啸波到达了距离震中最近的智利北部沿岸，Iqui 和 Pisa 海洋站监测到显著的海啸波；在震后 0.5～1h 时间内，海啸波到达了秘鲁南部和智利中部；在 1～3h 内，海啸波到达了智利南部、秘鲁与厄瓜多尔；震源附近的智利、秘鲁沿岸海啸波较大，智利沿岸的 Iqui 和 Pisa 海洋站的海啸波达到了 1.5m 左右，而震源以南的智利中南部海域、震源以北的秘鲁海域的海啸波相对较小，秘鲁沿岸的 Mata 站最大海啸波为 0.39m，智利中南部的 Anto、Cald、Papo、Coqu、Vald、Corr 等站的最大海啸波在 0.1～0.3m。

模拟计算得到的初始水位最大抬升为 2.94m，最大下沉为 –1.41m（图 5.22）。地震海啸发生后，海啸波向四周传播，图 5.23 显示最大海啸波幅分布，图 5.24 是地震发生 20min、60min、120min、180min 后的海啸波分布图。

对比由多个沿海站点的观测和模拟海啸波高数据发现，模拟海啸波曲线与实测曲线基本吻合，尤其是第一个海啸波，各站点的吻合程度都很好（图 5.25，表 5.6）。

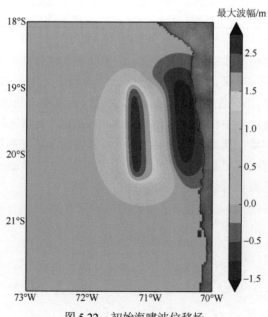

图 5.22　初始海啸波位移场

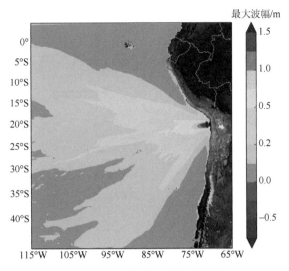

图 5.23　最大海啸波幅分布图

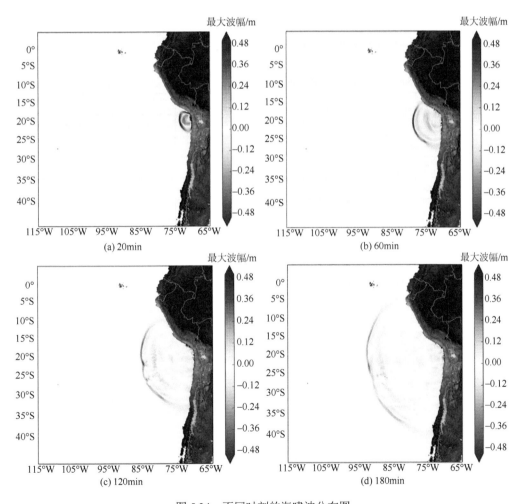

图 5.24　不同时刻的海啸波分布图

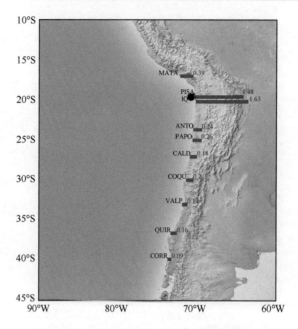

图 5.25　南美智利与秘鲁沿岸的海洋站实测海啸波幅（单位：m）

表 5.6　智利与秘鲁沿海站点的第一波海啸波观测值与模拟值对比

参数	符号	参数值
震中位置	(x_0, y_0)	（70.776°W，19.610°S）
震源深度/km	D	25
断层长度/km	L	158
断层宽度/km	W	79
断层滑动量/m	d	7.9
断层走向角/(°)	θ	358
断层倾斜角/(°)	δ	12
断层滑动角/(°)	λ	107

第6章 潜在地震海啸源地震活动性模型

潜在地震海啸源地震活动性分析是地震海啸危险性分析的基础。

矩震级（或地震矩）是基于半无限空间地球位错模型建立地震海啸生成模型的一个重要输入参量。地震重现期（或年发生率）是计算地震海啸发生率的基本依据。进行地震海啸危险性分析的数值模拟计算时，尽管形式上输入参量仍是矩震级（或地震矩），然而实际上它却是与震级重现周期（或年发生率）相关联的震级重现水平，即便输入参量是震级上限，它也有着发生概率趋于零的意义。震级重现水平、震级上限是与重现周期（或年发生率）相关联的用来表示地震危险性的参数。这些参数的获取，需要分析潜在地震海啸源区的地震构造背景和地震活动性特征，并构建其地震活动模型。

本章讨论潜在地震海啸源的地震活动性分析有关问题，介绍三类地震活动性模型的构建原理和方法，并给出两个构建地震活动性模型的案例，一个是基于广义极值分布构建琉球海沟俯冲带地震活动模型的案例，另一个是基于广义帕累托分布构建马尼拉海沟俯冲带地震活动模型的案例。

6.1 潜在地震海啸源地震活动性分析

实际上，潜在地震海啸源就是一类特殊的潜在震源，其特殊性表现在，位于大洋区域或深海区域，并且其内发生的地震能触发海啸。

潜在地震海啸源的地震活动性分析和地震活动性模型构建具有其一定的特殊性。

海啸波是在大洋区域和海域水体内传播的水波，地震波是在地球固体介质传播的弹性波，二者传播路径、衰减规律、波及范围不同，所以进行地震海啸危险性分析，不仅要像进行地震危险性分析那样，考虑场点、近场和场点周围几百千米范围内的潜在震源，还必须考虑上千千米、数千千米以外甚至大洋彼岸的潜在震源。

地震活动性分析的内容包括分析地震观测系统测定的（或历史资料中记载的）地震发生的时间、空间位置（震中和震源深度）和强度（震级或震中烈度）等基本参数的特征以及研究这些参数之间的相互关系（潘华和李金臣，2016）。地震活动性模型是描述潜在震源区地震活动特性特征的专用模型。只有大地震或巨大地震触发的海啸才可能导致近岸区域重大灾害的发生，所以用于地震海啸危险性分析的地震活动性分析和地震活动性模型构建，主要关注位于大洋区域和深海区域强震活动的时空分布特征、强度特征和频度特征。

震级重现水平、重现周期（或年发生率）、震级上限是可用于描述潜在震源地震活动性的常用参数。震级重现水平指与一定的重现周期（或年发生率）相关联的未来可能发生的地震震级，震级上限则是对应重现周期趋于无穷或发生概率趋于零的极端情形下的震级重现水平，代表的是潜在震源区内有可能发生的最大地震的震级，也可以认为潜在震源区内未来发生超过该震级地震的概率几乎为零（胡聿贤，1999）。

通过分析潜在地震海啸源区地震活动构造背景和地震活动性特征，利用历史地震记录数据，基于截断的 G-R 关系的地震活动性模型（Cornell，1967；Kijko，2004；徐伟进和高孟潭，2012），或基于极值理论建立的地震活动性广义极值模型和地震活动性广义帕累托模型（钱小仕等，2012，2013；任晴晴等，2013；张锟等，2016；田建伟等，2017），可以获得强震重现水平、重现周期（或年发生率）、震级上限这些参数的估计值。

基于截断的 G-R 关系的地震活动性模型，是地震危险性概率分析中的通用模型（徐伟进和高孟潭，2012），该模型已在地震海啸危险性分析中得到广泛应用（Geist and Parsons，2006；Liu et al.，2007）。大量已有的研究表明（胡聿贤，1999），一般情况下，G-R 关系对震源区历史地震记录的中段震级拟合效果好，但由于小震数据在历史地震记录数据中易被遗漏，历史地震记录数据中大震数据相对较少，在大震级区段和小震级区段，用 G-R 关系拟合震级-频度分布往往会出现偏差。

潜在地震海啸源区的强震活动分析，除了利用基于 G-R 关系的地震活动性模型外，还应寻求更适于描述大震级区段的地震活动性模型。基于极值理论建立的地震活动性广义极值模型和广义帕累托模型，因为统计分析利用的都是研究区域历史地震记录中的大震级样本，可凸显潜在震源区大地震活动的强度分布、频度分布特征。

极值理论是概率统计学科的一个独特的分支（Coles，2001；史道济，2006）。作为一门研究随机现象的学科，其历史可以追溯到 20 世纪初，但直到 20 世纪 50 年代，才建立起严谨的建模方法。极值模型的早期应用主要在土木工程领域。土木工程的设计必须使结构能够承受未来可能遭受的力，极值理论提供了可以利用历史数据估计这种力的方法。推而广之，现实中我们经常需要对一个比已经观察到的部分要大得多的进程进行估计，经常需要从已观察到的部分推断未观察到的部分，极值理论通过提供支持这种外推的数学模型而使这种外推成为可能。基于极值理论建立数学模型，不是采用经验分析或物理分析的方法，而是采用渐进论证的方法。为此人们很容易对其合理性持怀疑态度，认为即使这些模型符合渐进原理，但外推应用到未观测到或不能观测到的水平，可信度存疑。但为解决外推问题，目前还没有其他模型能与极值理论提供的模型相媲美。此外，极值模型还有两个优点，一是很容易将所有相关信息纳入推断，二是可以方便地对推断结果的不确定性进行量化分析。

极值理论已经成为应用科学中最重要的统计学科之一，业已在许多学科中得到广泛应用。极值理论在地震危险性概率分析中的应用，经历了由一般极值理论的应用到广义极值理论的应用过程（陈培善和林邦慧，1973；钱小仕等，2012）。陈培善和林邦慧（1973）利用极值理论计算分析强震复发周期并将其应用到地震中长期预报研究中；高孟潭和贾素娟（1988）利用极值统计分析方法对历史地震影响烈度的分布特征进行研究，发现在历史地震记录较为丰富的地区能够利用极值统计方法进行分析。Pisarenko 等（2008）提出基于广义极值理论的震级重现水平和震级上限的估计方法，该方法发挥了广义极值理论中通过引入形状参数 ξ 将 3 类极值的渐进分布统一为一个分布模型的优点，避免了构建潜在地震区地震活动性模型时选择极值分布模型类型的困难。钱小仕等（2012）利用广义极值模型对我国台湾地区地震危险性进行分析，得到以往最大震级超过 7 级的估计发震次数与实际发震次数基本吻合，并对未来发震危险性进行预测。任晴晴等（2013）利用基于广义极值模型的估计结果，讨论了中国活动地块边界带最大震级分布特征。Pisarenko 和 Sornette（2003）利用广义帕累托分布对 1977～2000 年哈佛地震目录中的 18 个地震区的浅源地震（0～70km）地震矩的分布进行了分析；钱小仕等（2013）利用广义帕累托分布对云南地区的地震活动性参数进行分析，通过与基于 G-R 关系进行的预测比较，显示基于广义帕累托分布估计的结果拟合较好。

广义极值理论也被引入地震海啸危险性概率分析研究。张锟等（2016）、田建伟等（2017）先后对琉球海沟俯冲带和马尼拉海沟俯冲带的地震活动性进行了分析研究，分别构建了两个潜在地震海啸源区的地震活动性广义极值模型和广义帕累托模型。

最后必须指出，地震海啸危险性分析研究中，也有学者沿用地震危险性分析中的做法（Kagan，2002），选用特征地震模型作为潜在地震海啸源地震活动模型，用特征地震模型推断潜在地震海啸源区可能发生的最大地震震级及其重现期（Annaka et al.，2007）。任何给定的断层所能产生的最大地震震级可能取决于断层的断层长度、震源深度和断层面滑动速率等不同要素。根据最大地震震级与上述要素之间的经验关系构建特征地震模型的方法，在地震海啸危险性分析中亦有应用。Geist 和 Parsons（2006）曾建议将特征地震模型与基于 G-R 关系的模型联合使用，分别用于确定强震和最大地震的重现期（或年发生率）。

6.2 基于双截断的震级-频度关系的地震活动模型

6.2.1 震级-频度关系

Gutenberg 和 Richter（1944）提出震级-频度关系式，这是一个描述区域地震活动性的经验关系式，常用形式为

$$\lg N(M) = a - bM \tag{6.2.1}$$

式中，$N(M)$与 ΔM 的乘积表示震级区间 $M \pm \Delta M/2$ 内在一定时期发生地震的次数；a 和 b 为常数，a 表征在统计时间内该区域地震活动水平，b 值表示该区域大小地震数的比例关系，大地震数目相对多时，b 值则小，反之亦然。研究发现，b 值大小和区域介质强度以及应力大小有关（Cosentino et al.，1977）。

6.2.2 双截断的震级-频度关系

人们经研究分析发现，并不是在所有情况下检验式（6.2.1）所示的震级-频度关系都成立。在低震级范围和可以观察到的高震级范围，统计分析结果显示与震级-频度关系存

在明显的偏差（Cosentino et al.，1977）。再者，式（6.2.1）中并未考虑地震震级的上限，即认为震级是可以无限大的，这显然不符合物理规律。

Cornell（1967）注意到地震活动在空间上不是完全随机分布的，认为未来的地震应发生在潜在震源区内，建议综合历史地震、大地构造和地质方面的证据判定潜在震源区，综合使用地质学、地震学和大地构造等方面资料建立恰当的数学模型，评定给定场地的地震危险性，提出了考虑震级下限和上限的震级-频度关系即截断的 G-R 关系，震级分布函数取如下形式：

$$f(M) = \{\exp[-\beta(M - M_0)] - \exp[-\beta(M_u - M_0)]\}$$
$$/\{1 - \exp[-\beta(M_u - M_0)]\}, \quad M_0 \leqslant M \leqslant M_u \tag{6.2.2}$$

对应的震级概率密度函数形式为

$$\begin{cases} f(M) = \beta\exp[-\beta(M - M_0)] / \{1 - \exp[-\beta(M_u - M_0)]\}, & M_0 \leqslant M \leqslant M_u \\ f(M) = 0, & M \geqslant M_u \end{cases} \tag{6.2.3}$$

式中，$\beta = b\ln10$；M_0 为选定的起算震级；M_u 为震级上限，是一未知的参数。通俗地说，震级上限是一个地区可能发生的最大地震的震级，从概率上讲，震级上限表示一个地区发生超过该震级地震的概率趋于零。基于双截断的震级-频度关系建立的地震活动性模型在地震活动性分析、地震预报和地震危险性分析中业已得到广泛应用。

6.2.3　潜在震源区地震年平均发生率

假设某一潜在震源区地震（$M \geqslant M_0$）年平均发生率为 ν，我们选定起算震级为 M_0，震级上限为 M_u，将震级范围（M_0，M_u）以 ΔM 为间隔分为 j_m 档，每一档的中心震级为 M_j，并称该档震级为 M_j 档，则该档地震年平均发生率可表示为

$$v_{j_m} = \frac{2v\exp\{-\beta(M_j - M_0)\}\sinh\left(\frac{1}{2}\beta\Delta M\right)}{1 - \exp\{-\beta(M_u - M_0)\}} \tag{6.2.4}$$

式中，$\sinh\left(\frac{1}{2}\beta\Delta M\right)$ 为以 $\frac{1}{2}\beta\Delta M$ 为变量的正弦双曲函数。

利用基于 G-R 关系的地震活动性模型分析潜在震源区地震危险性，是目前地震危险性评价和地震区划研究中的常规方法（高孟潭，1986）。

6.3　地震活动性广义极值模型

6.3.1　广义极值分布

假设 $X_1,\cdots,X_n$ 是一独立随机变量序列，有共同的分布函数 F，那么广义极值模型的统计对象可以抽象地表示为 $M_n = \max\{X_1,\cdots,X_n\}$。实际应用中，$X_i \ (i = 1,\cdots,n)$ 通常表示

对某一过程按一定的时间间隔测量所得的值，如每小时的海面高度测量值，或每天测量的温度的平均值。若用 M_n 表示 n 个时间间隔内的最大值序列，那么，M_n 的分布可表示成 n 个分布的乘积：

$$
\begin{aligned}
P_r\{M_n \leq z\} &= P_r\{X_1 \leq z,\cdots,X_n \leq z\} \\
&= P_r\{X_1 \leq z\} \times \cdots \times P_r\{X_n \leq z\} \\
&= \{f(z)\}^n
\end{aligned}
\tag{6.3.1}
$$

式中，P_r 为概率分布。

　　然而式（6.3.1）不便应用，因为分布函数 f 是未知的。容易想到，克服这一困难的一种方法是使用标准统计方法从观测数据估计 f，然后代入式（6.3.1）。但是，f 估计值有很小的差异就可能导致 f^n 的重大变化。另外，采用分析当 $n \to \infty$ 时 f^n 的变化趋势的方法也不可行，因为对于任何 $z < z_+$，z_+ 为 F 的上端点，当 $n \to \infty$，$f^n(z) \to 0$，使 M_n 的分布退化为 z_+ 上的一个点。可以尝试的另一种变通方法就是接受 f 是未知的，根据极值数据的估计，为 f^n 寻找近似的分布，这类似于用正态分布近似求取样本均值的做法。

　　将变量表示为常数序列 $\{a_n > 0\}$、$\{b_n\}$ 和 M_n 的线性组合，令

$$
M_n^* = \frac{M_n - b_n}{a_n}
\tag{6.3.2}
$$

　　通过选择 $\{a_n\}$ 和 $\{b_n\}$，使得在 n 增加时，M_n^* 稳定，这就避免了使用变量 M_n 时所面临的困难，将问题转化为选择合适的 $\{a_n\}$ 和 $\{b_n\}$，寻求 M_n^* 而不是 M_n 的极限分布。下面的极值型定理给出了极限分布的所有可能类型。

　　定理 1：如果存在常数序列 $\{a_n > 0\}$ 和 $\{b_n\}$，使得

$$
P_r\{(M_n - b_n)/a_n \leq z\} \to G\{z\}, n \to \infty
$$

其中 G 是一个非退化分布函数，那么 G 属于下列分布之一。

$$
\mathrm{I}: G(z) = \exp\left\{-\exp\left[-\left(\frac{z-b}{a}\right)\right]\right\}, \quad -\infty < z < \infty
$$

$$
\mathrm{II}: G(z) = \begin{cases} 0, & z \leq b \\ \exp\left\{-\left(\dfrac{z-b}{a}\right)^{-\alpha}\right\}, & z > b \end{cases}
\tag{6.3.3}
$$

$$
\mathrm{III}: G(z) = \begin{cases} \exp\left\{-\left[-\left(\dfrac{z-b}{a}\right)^{\alpha}\right]\right\}, & z < b \\ 1, & z \geq b \end{cases}
$$

其中，参数 $a > 0$，对于分布 II 和 III，$\alpha > 0$。

　　定理 1 表明重新标定的样本极大值 $(M_n - b_n)/a_n$ 作为一个随机变量，其分布一定是 I、II 和 III 分布中的一类。这三类分布统称为极值分布，类型 I、类型 II 和类型 III 分别被称为冈贝尔（Gumbel）分布、费雷歇（Fréchet）分布和韦布尔（Weibull）分布。三

个分布分别有一个位置参数 a 和一个尺度参数 b；此外，费雷歇分布和韦布尔分布有一个形状参数 α。

无论总体分布 f 如何，仅有上面三种极值分布是 M_n^* 的可能的极限分布，正是在这个意义上定理 1 类同于中心极限定理。

定理 1 中出现的三种极值分布具有不同的特征。上端点 z_+ 的取值使三种分布的尾部特征表现得更为鲜明：对于韦布尔分布，z_+ 是有限的，而对于费雷歇和冈贝尔分布，$z_+ = \infty$；然而，冈贝尔分布的密度函数呈指数衰减，而费雷歇分布呈多项式衰减，反映出二者在 f 的尾部有不同的衰减率。

在极值理论的早期应用中，通常先选择这三个分布中的一个，然后估计该分布的相关参数。这样的处理存在两个缺陷：首先，需要一种技术来判断三个分布中哪一个最适合已有的数据；其次，一旦做出了这样的选择，随后的推论就假定这种选择是正确的，并且不考虑这种选择所包含的不确定性，尽管这种不确定性可能是很大的。通过将冈贝尔分布、费雷歇分布和韦布尔分布函数合并为一种形式，可以避免上述缺陷。

定理 2：对于一个非退化的分布函数 G，如果存在常量序列 $\{a_n > 0\}$ 和 $\{b_n\}$，使得

$$P_r\left\{(M_n - b_n) / a_n \leqslant z\right\} \to G(z), \quad n \to \infty$$

那么，分布函数

$$G(z) = \exp\left\{-\left[1 + \xi\left(\frac{z - u}{\sigma}\right)\right]^{-1/\xi}\right\} \tag{6.3.4}$$

是广义极值分布中的一类分布，定义域为 $\{z : 1 + \xi(z - \mu) / \sigma > 0\}$，其中 $-\infty < \mu < \infty$，$\sigma > 0$，$-\infty < \xi < \infty$。式中，ξ 为形状参数；μ 为位置参数；σ 为尺度参数。其概率密度函数可写为

$$f(z) = \frac{1}{\sigma}\left(1 + \xi\frac{z - \mu}{\sigma}\right)^{-(1+1/\xi)} \exp\left[-\left(1 + \xi\frac{z - \mu}{\sigma}\right)^{-1/\xi}\right] \tag{6.3.5}$$

式（6.3.5）中，当 $\xi = 0$ 时，为第 I 类分布（冈贝尔分布）；当 $\xi > 0$ 时，为第 II 类分布（费雷歇分布）；这两类分布均没有上限值；当 $\xi < 0$ 时，为第 III 类分布（韦布尔分布），存在上限值。

定理 2 表明，对于 n 取值足够大时的近似，可以统一使用广义极值分布为极值序列建模。实际应用中，常量序列 $\{a_n > 0\}$ 和 $\{b_n\}$ 未知，但很易解决这一困难。假设

$$P_r\left\{(M_n - b_n) / a_n \leqslant z\right\} \approx G(z)$$

对于足够大的 n，有

$$P_r\left\{M_n \leqslant z\right\} \approx G\left\{(z - b_n) / a_n\right\} = G^*(z)$$

可以证明其中 G^* 是另一广义极值分布。由于实际应用中，总需要估计参数，所以分布 G 的参数与 G^* 的参数不同无关紧要（Coles，2001；史道济，2006）。

基于广义极值分布构建地震活动性模型时，将潜在震源的历史地震记录中去除了前震和余震的各时段的最大震级值设为随机变量，并假设其满足独立同分布的条件，且最大震级序列的分布符合式（6.3.4）所给出的广义极值分布。

6.3.2 震级重现水平和震级上限的最大似然估计

6.3.2.1 广义极值分布参数的最大似然估计

假设 $z_1, z_2, \cdots, z_m$ 是具有广义极值分布的自变量，当 $\xi \neq 0$ 时，广义极值参数的对数似然函数为

$$l(\mu, \sigma, \xi) = -m\lg\sigma - (1+1/\xi)\sum_{i=1}^{m}\lg\left[1+\xi\left(\frac{z_i-\mu}{\sigma}\right)\right] - \sum_{i=1}^{m}\left[1+\xi\left(\frac{z_i-\mu}{\sigma}\right)\right]^{-1/\xi} \quad (6.3.6)$$

其中，$1+\xi\left(\dfrac{z_i-\mu}{\sigma}\right) > 0$，$i=1,\cdots,m$。

若上述参数组合关系不成立，意味着至少有一个观测数据落在分布的终点之外，则似然函数为零，对数似然函数趋于 $-\infty$。

对于 $\xi = 0$ 的情形，需要使用广义极值分布中的冈贝尔分布单独处理。对数似然函数为

$$l(\mu, \sigma) = -m\lg\sigma - \sum_{i=1}^{m}\left(\frac{z_i-\mu}{\sigma}\right) - \sum_{i=1}^{m}\exp\left\{-\left(\frac{z_i-\mu}{\sigma}\right)\right\} \quad (6.3.7)$$

使用数值算法求式（6.3.6）和式（6.3.7）的最大值，可得到参数 μ、σ 和 ξ 的最大似然估计。

6.3.2.2 广义极值分布重现水平和上限的最大似然估计

依据式（6.3.4），令 $G(z_p) = 1-p$，z_p 是与重现期 $1/p$ 相关的重现水平，得

$$z_p = \begin{cases} \mu - \dfrac{\sigma}{\xi}\left[1-\{-\lg(1-p)\}^{-\xi}\right], & \xi \neq 0 \\ \mu - \sigma\{-\lg(1-p)\}, & \xi = 0 \end{cases} \quad (6.3.8)$$

再令 $y_p = -\lg(1-p)$，得

$$z_p = \begin{cases} \mu - \dfrac{\sigma}{\xi}\left[1-y_p^{-\xi}\right], & \xi \neq 0 \\ \mu - \sigma\lg y_p, & \xi = 0 \end{cases} \quad (6.3.9)$$

如果以 z_p 和 $\lg y_p$ 为纵、横坐标作图，当 $\xi = 0$，对应的图是直线；如果 $\xi < 0$，对应的图是上凸曲线，而且当 $p \to 0$ 时，$z_p \to \mu - \sigma/\xi$；如果 $\xi > 0$，对应的图是上凹曲线，没有有限上边界（图 6.1）。这类图被称为重现水平图，用于模型特征的演示和验证特别方便。

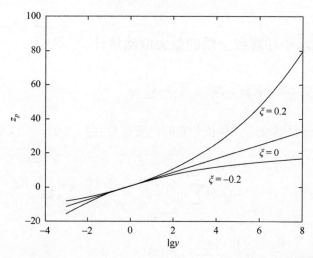

图 6.1　形状参数 $\xi = -0.2$，$\xi = 0$，$\xi = 0.2$ 时，广义极值分布的重现水平图

将广义极值分布参数的极大似然估计 $(\hat{\mu}, \hat{\sigma}, \hat{\xi})$ 代入式（6.3.9），得到对应重现周期 $1/p\,(0 < p < 1)$ 的重现水平 z_p 的极大似然估计：

$$\hat{z}_p = \begin{cases} \hat{\mu} - \dfrac{\hat{\sigma}}{\hat{\xi}}\left[1 - y_p^{-\hat{\xi}}\right], & \hat{\xi} \neq 0 \\[2mm] \hat{\mu} - \hat{\sigma}\lg y_p, & \hat{\xi} = 0 \end{cases} \tag{6.3.10}$$

式中，$y_p = -\lg(1 - p)$。采用 Delta 方法可得

$$Var(\hat{z}_p) \approx \nabla z_p^{\mathrm{T}} V \nabla z_p \tag{6.3.11}$$

式中，V 是 $(\hat{\mu}, \hat{\sigma}, \hat{\xi})$ 的方差-协方差矩阵，而

$$\begin{aligned} \nabla z_p^{\mathrm{T}} &= \left[\frac{\partial z_p}{\partial \mu}, \frac{\partial z_p}{\partial \sigma}, \frac{\partial z_p}{\partial \xi}\right] \\ &= \left[1, -\xi^{-1}\left(1 - y_p^{-\xi}\right), \sigma\xi^{-2}\left(1 - y_p^{-\xi}\right) - \sigma\xi^{-1}y_p^{-\xi}\lg y_p\right] \end{aligned} \tag{6.3.12}$$

可代入估计值 $(\hat{\mu}, \hat{\sigma}, \hat{\xi})$ 计算。

当 $\hat{\xi} < 0$ 时，可以推断分布的上端点。分布上端点对应的是重现周期趋于无限长的情形，z_p 对应 $p = 0$，其最大似然估计为

$$\hat{z}_0 = \hat{\mu} - \hat{\sigma}/\hat{\xi} \tag{6.3.13}$$

式（6.3.12）仍然有效，简化为

$$\nabla z_p^{\mathrm{T}} = \left[1, -\xi^{-1}, \sigma\xi^{-2}\right] \tag{6.3.14}$$

当 $\hat{\xi} \geqslant 0$，上端点的最大似然估计趋于无穷（Coles，2001；史道济，2006）。

6.3.2.3　震级重现水平和震级上限的估计

基于广义极值分布构建地震活动性模型时，依据式（6.3.6）和式（6.3.7），使用数值算法求最大震级广义极值分布密度函数的对数似然函数最大值，得到广义极值分布的三个参数 $(\hat{\mu},\hat{\sigma},\hat{\xi})$ 的最大对数似然估计值 $(\hat{\mu},\hat{\sigma},\hat{\xi})$，代入式（6.3.10）和式（6.3.13），就可以得到强震重现水平和震级上限的估计值，再利用 Delta 方法，按式（6.3.11）和式（6.3.12）求得上述两个估计的标准差和置信区间。

综上，利用基于广义极值分布的地震活动性模型，不仅可以估计潜在地震海啸源强震危险性，而且同时可以对其进行不确定性分析。

6.4　地震活动性广义帕累托模型

6.4.1　广义帕累托分布

设 $X_1,\cdots,X_n$ 是一个独立且同分布的随机变量序列，具有边际分布函数。我们自然会想到将 X_i 的那些超过某个阈值 u 的事件视为极端事件，用 X 表示 X_i 序列中的任意项，这些极端事件的随机行为符合条件概率：

$$P_r\{X>u+y\,|\,X>u\}=\frac{1-F(u+y)}{1-F(u)},\quad y>0 \tag{6.4.1}$$

如果分布 F 已知，则式（6.4.1）中超过阈值的随机变量的分布也是已知的。在实际应用中的情况并非如此，所以需要寻求其近似值。

定理 3：令 $X_1,\cdots,X_n$ 为具有同一分布函数 F 的独立随机变量序列，并且

$$M_n=\max\{X_1,\cdots,X_n\}$$

用 X 表示 X_i 序列中的任意项，假设 F 满足定理 2，那么，对于足够大的 n

$$P_r\{M_n\leq z\}\approx G(z)$$

满足式（6.3.4），对于 $\mu,\sigma>0$ 和 ξ。则对于足够大的 u，当 $X>u$，$y=(X-u)$ 的条件分布函数可以近似为

$$H(y)=1-\left(1+\frac{\xi y}{\tilde{\sigma}}\right)^{-1/\xi} \tag{6.4.2}$$

其定义域为 $\{y:y>0$ 和 $(1+\xi y/\tilde{\sigma})>0\}$，其中

$$\tilde{\sigma}=\sigma+\xi(u-\mu) \tag{6.4.3}$$

由式（6.4.2）定义的分布被称为广义帕累托分布。

定理 3 表明，如果极值具有近似分布 G，则超过一定阈值的随机变量分布在广义帕累托分布族中具有相应的近似分布。

广义帕累托分布与广义极值分布之间具有对偶性，两类分布的特征由形状参数 ξ 主

导。当 $\xi<0$，广义帕累托分布有上限 $u-\tilde{\sigma}/\xi$；当 $\xi>0$，广义帕累托分布没有上限。如果 $\xi=0$，$y>0$，则可导出

$$H(y)=1-\exp\left(-\frac{y}{\tilde{\sigma}}\right) \tag{6.4.4}$$

$H(y)$ 为参数 $1/\tilde{\sigma}$ 的指数分布。

6.4.2　阈值选择

定理 3 给出一种极值建模的程序。原始数据由一系列独立、同分布的测量数据 $x_1,\cdots,x_n$ 构成。通过定义阈值 u 表示极端事件，大于阈值的数据记为 $\{x_i:x_i>u\}$。用 $x_{(1)},\cdots,x_{(k)}$ 标记这些数据，定义超出量为 $y_j=x_{(j)}-u$，$j=1,\cdots,k$。依据定理 3，y_j 可以看作是一个随机变量的独立实现，该随机变量的分布可以由广义帕累托家族的某一成员近似表示。

需要指出，阈值的选择影响估计结果的偏差和方差之间的平衡。阈值过低，很可能会背离模型的渐近基础，导致偏差过大；阈值过高，超出量的数据减少，虽然模型可以估计，但将导致方差变大。折中的做法是采用尽可能低的阈值，但要根据极限模型提供合理的近似。为达此目的，有两种方法：方法一是试验性模型估计方法；方法二是通过在一定取值范围内选取不同阈值进行模型拟合，考察模型参数估计的稳定性。

方法一依据的是广义帕累托分布超出量函数的均值随阈值线性变化的准则。如果 Y 是参数为 σ 和 ξ 的广义帕累托分布，当 $\xi<1$ 时：

$$E(Y)=\frac{\sigma}{1-\xi} \tag{6.4.5}$$

若 $\xi\geq1$ 时，均值为无穷大。假设大于阈值 u_0 的序列 $X_1,\cdots,X_n$ 符合广义帕累托分布，其中任意项表示为 X，当 $\xi<1$，由式（6.4.5）得

$$E(Y-u_0\,|\,X>u_0)=\frac{\sigma_{u_0}}{1-\xi} \tag{6.4.6}$$

式中，σ_{u_0} 为阈值 u_0 对应的尺度参数。如果对阈值 u_0 广义帕累托分布也成立，那么对于所有的阈值 $u>u_0$，广义帕累托分布成立，只是尺度参数 σ_u 需要相应地变化。因此，对于 $u>u_0$，依据式（6.4.3），有

$$E(Y-u\,|\,X>u)=\frac{\sigma_u}{1-\xi}=\frac{\sigma_{u_0}+\xi u}{1-\xi} \tag{6.4.7}$$

所以，对于 $u>u_0$，$E(X-u\,|\,X>u)$ 为 u 的线性函数。令

$$\left\{\left[u,\frac{1}{n_u}\sum_{i=1}^{n_u}(x_{(i)}-u)\right]:u<x_{\max}\right\}$$

这里 $x_{(1)},\cdots,x_{(n_u)}$ 是超过阈值 u 的 n_u 个观测值，$x_{\max}$ 是 x_i 的最大值。这些点的轨迹图称为平均剩余寿命图。平均剩余寿命图曲线应该是近似线性的。根据样本均值的近似正态性，在平均剩余寿命图中加入可以置信区间。

方法二依据的准则是，如果阈值取 u_0 时超出量符合广义帕累托分布，那么当阈值取 $u > u_0$ 时超出量也符合同一广义帕累托分布，其形状参数和尺度参数估计应保持稳定（Coles，2001；史道济，2006）。

构建强震活动广义帕累托模型时，先根据上文介绍的两种方法，选取震级阈值，将遴选出的一定时期内历史地震记录中去除了前震和余震的大于阈值的震级值作为随机变量，假设其满足独立同分布的条件且其超出量符合广义帕累托分布。

6.4.3　震级重现水平和震级上限的最大似然估计

6.4.3.1　广义帕累托分布参数的最大似然估计

选定阈值后，可以利用极大似然估计方法，估计广义帕累托分布的参数。假设 $y_1,\cdots,y_k$ 是阈值取 u 时的 k 个超出量，当 $\xi \neq 0$，由式（6.4.2）得对数似然函数：

$$l(\sigma,\xi) = -k\lg\sigma - (1+1/\xi)\sum_{i=1}^{k}\lg(1+\xi y_i / \sigma) \quad (6.4.8)$$

当 $(1+\sigma^{-1}\xi y_i) > 0$，$i = 1,\cdots,k$；否则，$l(\sigma,\xi) = -\infty$。当 $\xi = 0$，由式（6.4.4）得对数似然函数：

$$l(\sigma) = -k\lg\sigma - \sigma^{-1}\sum_{i=1}^{k}y_i \quad (6.4.9)$$

依据式（6.4.8）和式（6.4.9），难以得到帕累托分布参数估计的解析解，因此需要使用数值计算技术。为确保算法的实现，要注意避免式（6.4.8）中 $\xi \approx 0$ 时数值计算不稳定。

利用似然理论的通用方法可以得到广义帕累托分布参数估计及其标准差和置信区间。

6.4.3.2　重现水平和上限的最大似然估计

考虑参数为 σ 和 ξ 的广义帕累托分布，对于 $x > u$，有

$$P_r\{X > x \mid X > u\} = \left[1+\xi\left(\frac{x-u}{\sigma}\right)\right]^{-1/\xi} \quad (6.4.10)$$

可改写成

$$P_r\{X > x\} = \zeta_u\left[1+\xi\left(\frac{x-u}{\sigma}\right)\right]^{-1/\xi} \quad (6.4.11)$$

式中，$\zeta_u = P_r\{X > u\}$，表示超过阈值的样本个数与总样本个数的比值。

用 x_m 表示 m 个观测中平均发生一次的观测值，它是 m 次观测的重现水平。如果 m 足够大，使得 $x_m > u$，当 $\xi \neq 0$，利用式（6.4.11）有

$$\zeta_u\left[1+\xi\left(\frac{x_m-u}{\sigma}\right)\right]^{-1/\xi} = \frac{1}{m}$$

整理得

$$x_m = u + \frac{\sigma}{\xi}\left[(m\zeta_u)^{\xi} - 1\right] \tag{6.4.12}$$

如果 $\xi = 0$，用相同的方法，由式（6.4.4）导出

$$x_m = u + \sigma \lg(m\zeta_u) \tag{6.4.13}$$

依据式（6.4.12）和式（6.4.13）绘制的对数曲线图具有以下特征：如果 $\xi = 0$，图为直线；如果 $\xi > 0$，图为上凹的曲线；如果 $\xi < 0$，图是下凹的曲线。

N 年重现水平是预期每 N 年会超过一次的水平，如果每年有 n_y 次观测，则对应 $m = N \times n_y$ 次观测的重现水平。因此，当 $\xi \neq 0$，N 年重现水平为

$$z_N = u + \frac{\sigma}{\xi}\left[\left(Nn_y\zeta_u\right)^{\xi} - 1\right] \tag{6.4.14}$$

当 $\xi = 0$，N 年重现水平为

$$z_N = u + \sigma \lg\left(Nn_y\zeta_u\right) \tag{6.4.15}$$

估计重现水平需要用参数的估计值。用相应的最大似然估计，可以得到 ξ 和 σ 估计值。此外，还需概率 ζ_u 的估计

$$\hat{\zeta}_u = \frac{k}{n} \tag{6.4.16}$$

由于超过阈值 u 的样本数服从二项分布 $\text{Bin}\{n, \zeta_u\}$，所以 $\hat{\zeta}_u$ 也是 ζ_u 的最大似然估计。

x_m 的标准误差或置信区间可由 Delta 法导出。由二项分布的性质可知，$Var(\hat{\zeta}_u) \approx \hat{\zeta}_u(1 - \hat{\zeta}_u / n)$，所以 $(\hat{\zeta}_u, \hat{\sigma}, \hat{\xi})$ 的完全方差-协方差矩阵为

$$V = \begin{bmatrix} \hat{\zeta}_u(1 - \hat{\zeta}_u)/n & 0 & 0 \\ 0 & v_{1,1} & v_{1,2} \\ 0 & v_{2,1} & v_{2,2} \end{bmatrix} \tag{6.4.17}$$

式中，$v_{i,j}$ 为 $\hat{\sigma}$ 和 $\hat{\xi}$ 的方差协方差矩阵的第 (i, j) 项。应用 Delta 法得

$$Var(x_m) \approx \nabla x_m^{\mathrm{T}} V \nabla x_m \tag{6.4.18}$$

其中

$$\begin{aligned} \nabla x_m^{\mathrm{T}} &= \left[\frac{\partial x_m}{\partial \zeta_u}, \frac{\partial x_m}{\partial \hat{\sigma}}, \frac{\partial x_m}{\partial \xi}\right] \\ &= [\hat{\sigma} m^{\xi} \zeta_u^{\xi-1}, \xi^{-1}\{(m\zeta_u)^{\xi} - 1\}, -\hat{\sigma}\xi^{-2}\{(m\zeta_u)^{\xi} - 1\} \\ &\quad + \hat{\sigma}\xi^{-1}(m\zeta_u)^{\xi} \lg(m\zeta_u)] \end{aligned} \tag{6.4.19}$$

计算时代入估计值 $(\hat{\zeta}_u, \hat{\sigma}, \hat{\xi})$。

广义帕累托分布与广义极值分布具有相同的形状参数 ξ，因此当 $\xi < 0$ 时，超出量分布函数符合韦布尔分布，满足存在上限的条件。上限估计值为

$$\hat{x} = u - \hat{\sigma} / \hat{\xi} \tag{6.4.20}$$

同样，可以应用 Delta 法，求得重现水平和上限估计值的标准差和置信区间（Coles，2001；史道济，2006）。

6.4.3.3　震级重现水平和震级上限的最大似然估计

构建强震活动广义帕累托模型时，先根据上文介绍的方法选取震级阈值，再将遴选出的一定时期内历史地震记录中去除前震和余震后大于阈值的震级值作为随机变量，假设其满足独立同分布的条件且其超出量符合广义帕累托分布。

假设所选定的 t 年内有 n 个历史地震记录数据，则平均每年有地震观测样本 n/t 个，用其代替式（6.4.14）和式（6.4.15）中的年观测次数 n_y，计算未来 N 年的震级重现水平。依据式（6.4.20）估计震级上限。依据式（6.4.18）和式（6.4.19）估计震级重现水平。采用 Delta 方法，计算上述估计的标准差和置信区间。

综上所述，潜在地震海啸源强震活动的广义帕累托模型，可以用来估算潜在震源区和潜在地震海啸源区震级重现水平和震级上限，并同时给出相应的置信区间，用于分析这些估计的不确定性。

6.5　应用案例：琉球海沟俯冲带震级上限和强震重现水平估计

张锟等（2016）以琉球海沟俯冲带作为潜在地震海啸源，利用广义极值分布估计震级重现水平和震级上限，首先分析了琉球海沟俯冲带的地震地质构造特征以及历史地震资料，选定潜在地震海啸源区，然后根据地震活动性特征按时间域进行分割，并提取各时间段发生的最大震级的地震样本，最后通过广义极值分布模型估计了该区域的震级上限和强震重现水平，并对其进行了不确定性分析。

6.5.1　琉球海沟俯冲带及邻域地形地貌、地震地质特征

琉球海沟俯冲带属于沟-弧-盆体系（图 6.2），其中的"沟"指的是琉球海沟，它是沟-弧-盆体系与大洋盆地的天然分界线，在地貌上表现为岛坡坡麓的深沟，是一条向东南凸出，向西北方向俯冲的弧形海沟，呈环带状环绕琉球岛弧延伸，北端以九州-帛琉海岭为界，南端位于台湾岛中部外海，总长约 1350km，平均宽度 60km，平均水深在 6000m 以上，最大水深 7781m。在 123°E 附近，由于加瓜海脊向北俯冲到琉球岛弧以下，琉球海沟在此处发生较大变形，导致东西两区的地球物理场特征、海底沉积物结构和物质组成的不同。在 123°E 以西，海沟宽度和深度渐渐渐变小，在地形上逐渐演变成海底峡谷及深海盆地；在 123°E 以东，海底地形平坦，形成倒"V"字形地形，在日本岛的中部以南，九州-帛琉海脊的北段消失（张训华，2008）。琉球海沟的西坡是具有大陆性质的琉球岛弧。由琉球诸岛形成的岛链被称为琉球岛弧，北起九州岛的南部，南到台湾岛东部，全长 1200km，属于双列岛弧，内弧主要是古琉球火山带，是一条水下火山脊，外弧是琉球群岛的主体（高祥林，2003；张训华，2008）。

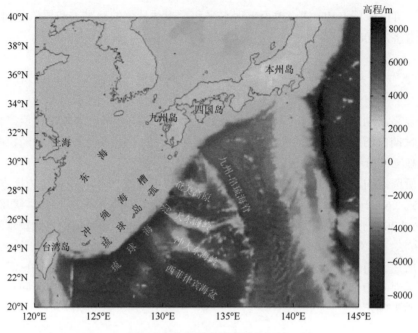

图 6.2　琉球海沟俯冲带及邻域

琉球海沟俯冲带的地貌分布格局主要由琉球群岛隆褶带、弧前盆地和八重山海脊带控制。琉球岛弧的西侧是冲绳海槽，它是一个正在发育的弧后裂谷盆地，目前仍然是大陆地壳（王述功等，1998）。菲律宾板块正在以 55°左右倾角向琉球群岛和东海之下俯冲，导致琉球岛弧-海沟系之下有一个比较明显的贝尼奥夫地震带，以 25°～75°角向西北倾斜，插入地壳下达 280km。琉球海沟俯冲带是环太平洋地震带的组成部分，是至今仍在活动的强地震带，地震活动频度高，远高于板块边界的大陆内部，而且多次发生 6 级以上地震（李乃胜，2000）（图 6.3）。

海沟俯冲带在潜在地震海啸源位置界定中广受关注（任鲁川等，2014）。通过对琉球海沟俯冲带地形地貌、水深、地震等相关资料的分析，认为该区域具备发生破坏性地震海啸的条件，一旦发生地震海啸有可能危及我国大陆东南沿海地区和我国台湾沿海地区（张锟等，2016）。

6.5.2　基于广义极值分布的强震危险性估计

下文选定历史地震记录，将时间域分割成为一系列等长的时段，提取各时段内发生的最大地震震级样本，利用提取出的最大震级样本，依据广义极值分布构建地震活动性模型，用于估计震级上限、强震重现水平及其不确定性分析。

6.5.2.1　区域界定和资料预处理

历史地震数据取自美国地质调查局提供的地震目录，区域为 21°N～33°N、120°E～

134°E（图 6.3），分别绘制 1900～2010 年 $M_W \geqslant 6.5$（图 6.4）和 1950～2010 年的 $M_W \geqslant 5$ 的 *M-T* 图（图 6.5）。

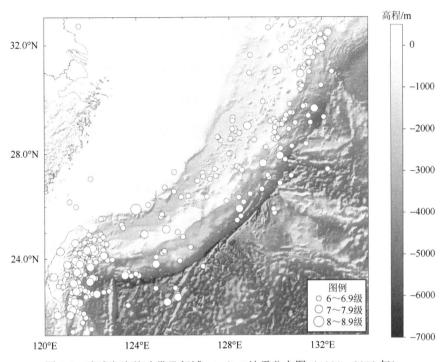

图 6.3　琉球海沟俯冲带及邻域 $M_W \geqslant 6$ 地震分布图（1900～2010 年）

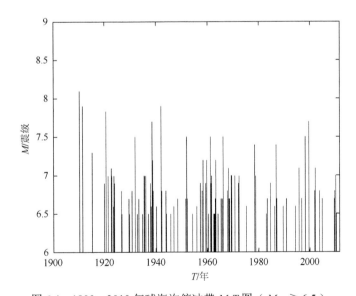

图 6.4　1900～2010 年球海沟俯冲带 *M-T* 图（$M_W \geqslant 6.5$）

参照两张 *M-T* 图进行强震活动平静期和活跃期大致分析，选取琉球海沟俯冲带的地震采样时间间隔为 10 年，并先将 1910 年作为初始时间，然后选取每个时间间隔内的最大震级，用其作为随机样本拟合广义极值分布。考虑到不同的初始时间可能会对所选震级的序列产生影响，再选择 1908 年和 1911 年作为初始时间，提取各个时间窗内的最大震级序列，与初始时间为 1910 年的最大震级序列样本对比，发现样本数据有一定变动（表 6.1）。

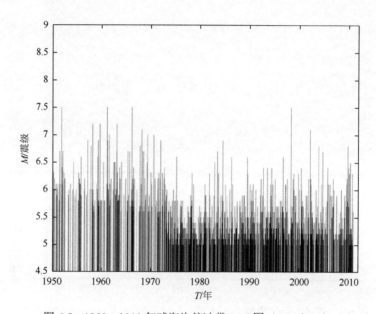

图 6.5　1950~2010 年球海沟俯冲带 M-T 图（$M_W \geqslant 5$）

表 6.1　球海沟俯冲带最大震级数据

编号	1	2	3	4	5	6	7	8	9	10
M_{max}（1908）	8.1	8.2	7.5	7.9	7.8	7.5	7.5	7.4	7.1	7.7
M_{max}（1910）	8.1	8.2	7.7	7.9	7.8	7.5	7.4	7.4	7.7	7.1
M_{max}（1911）	8.2	7.1	7.9	7.8	7.5	7.5	7.4	7.4	7.7	7.1

注：M_{max} 表示取自各个时间窗的最大震级序列，括号中的数据为起始年份。

6.5.2.2　重现水平和震级上限的极大似然估计

依据式（6.3.5）可得到广义极值分布的密度函数，进而求其对数似然函数，利用式（6.3.6）计算得到参数 (σ, μ, ξ) 的最大对数似然估计 $(\hat{\sigma}, \hat{\mu}, \hat{\xi})$（表 6.2）和相应估计的方差-协方差矩阵。

由表 6.2 中数值可以看出，形状参数 ξ 的估计值均小于 0，故不同起始时间拟合所得的广义极值分布类型均为韦布尔分布，具有震级上限值。

表 6.2　广义极值模型参数估计值

参数	形状参数（ξ）	位置参数（μ）	尺度参数（σ）
M_{max}（1908）	−0.3416514	7.5666299	0.3218143
M_{max}（1910）	−0.4162811	7.5876929	0.3366287
M_{max}（1911）	−0.2596642	7.4597557	0.3210053

注：M_{max} 表示取自各个时间窗的最大震级序列，括号中的数据为起始年份。

起始时间为 1908 年的方差−协方差矩阵：

$$V = \begin{bmatrix} 0.10649 & -0.02059 & -0.01926 \\ -0.02059 & 0.00836 & 0.00118 \\ -0.01926 & 0.00118 & 0.01415 \end{bmatrix}$$

起始时间为 1910 年的方差−协方差矩阵：

$$V = \begin{bmatrix} 0.10764 & -0.02295 & -0.02009 \\ -0.02295 & 0.00960 & 0.00035 \\ -0.02009 & 0.00035 & 0.01531 \end{bmatrix}$$

起始时间为 1911 年的方差−协方差矩阵：

$$V = \begin{bmatrix} 0.07541 & -0.01456 & -0.01441 \\ -0.01456 & 0.00734 & 0.00143 \\ -0.01441 & 0.00143 & 0.01351 \end{bmatrix}$$

以起始时间 1910 年为例，对估计结果进行拟合诊断（图 6.6）。其中，图 6.6（a）是概率 P-P 图，横坐标表示实际数据的累积概率，纵坐标表示选用极值模型的累计概率；图 6.6（b）是分位数 Q-Q 图，横坐标表示的是所选分布模型的分位数，纵坐标表示的是实际数据的分位数。从图 6.6（a）和图 6.6（b）可以看出，所有的点沿直线分布，未显示明显偏离，因此不能否定所选用的分布模型。图 6.6（c）是重现水平图，由于 $\xi < 0$，重现水平图是一条凸曲线，图中位于中间的曲线表示的是强震重现水平，其上、下两条曲线表示的是考虑置信水平为 95%时强震重现水平的置信区间上、下限。图 6.6（d）是密度函数图和直方图，从图中可以看出概率密度曲线的估计和直方图在一定程度上吻合。总之，图 6.6 所示的诊断结果表明了选用广义极值模型进行拟合的可行性。

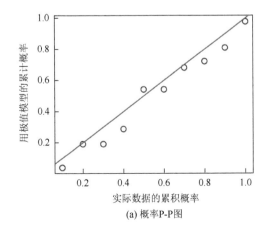

(a) 概率P-P图

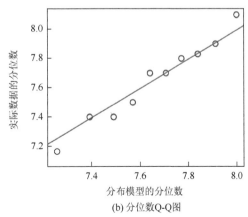

(b) 分位数Q-Q图

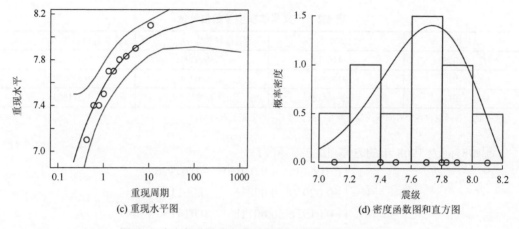

(c) 重现水平图　　　　　　　　　　　　　(d) 密度函数图和直方图

图 6.6　广义极值分布拟合诊断图（起始时间 1910 年）

以起始时间 1910 年为例，将所获得的参数估计值代入式（6.3.10）～式（6.3.14），估计琉球海沟俯冲带震级上限值为 8.4 级，对应的置信水平为 95％的置信区间为 8.4±0.3708；估计琉球海沟俯冲带在未来 100 年、50 年、30 年内的最大地震的重现水平分别为 8.1 级、8.0 级、7.8 级，对应的置信水平为 95％的置信区间为 8.1±0.42、8.0±0.48、7.8±0.54（表 6.3）。

表 6.3　强震重现水平及其 95％置信水平下的置信区间

强震重现周期	$T=30$ 年	$T=50$ 年	$T=100$ 年
震级及置信区间	7.8±0.54	8.0±0.48	8.1±0.42

6.5.3　结语

（1）采用广义极值模型估计潜在地震海啸源区震级上限和强震重现水平，在选取潜在地震海啸源区时应考虑地质构造背景，在选取时间步长时应考虑地震活动平静期和活跃期，以使所获得的强震样本与地震的活动特征相吻合。

（2）根据广义极值理论，形状参数 $\xi<0$ 时，广义极值分布为韦布尔分布。研究结果显示，琉球海沟俯冲带的强震震级符合韦布尔分布，同时也说明所获得的强震震级是有上限的。

（3）采用广义极值模型，估计琉球海沟俯冲带震级上限值为 8.4 级，对应的置信水平为 95％的置信区间为 8.4±0.3708，琉球海沟俯冲带在未来 100 年、50 年、30 年内的最大地震的重现水平分别为 8.1 级、8.0 级、7.8 级，对应的置信水平为 95％的置信区间为 8.1±0.42、8.0±0.48、7.8±0.54。

利用广义极值分布模型，得到琉球海沟俯冲带震级重现水平和震级上限估计值，可作为震级参数选取的参照，应用于东海、南海及沿岸地区的地震海啸危险性分析，也可供该地区地震海啸早期预警以及近岸工程设防的相关工作参考。

6.6　应用案例：马尼拉海沟俯冲带震级上限和强震重现水平估计

田建伟等（2017）选取马尼拉海沟俯冲带及其邻域为研究区，以马尼拉海沟俯冲带作为潜源区，基于广义帕累托分布，建立该潜源区地震活动性模型，估计强震重现水平和震级上限，并对估计的不确定性进行了分析。

6.6.1　马尼拉海沟俯冲带地质构造及地震活动性

马尼拉海沟俯冲带位于南海中央海盆东侧，是南海唯一的海沟，北起巴士海峡南端，与台湾碰撞带相连，向南延伸到民都洛岛西侧，长约 1000km，总体呈南北向分布，俯冲带西侧为南海海盆、东部为吕宋岛弧，表现为向西凸的弧形（图 6.7），该区域海底地形复杂，起伏较大，平均水深为 4800～4900m，是菲律宾板块和欧亚板块的分界（阮爱国等，2003；李家彪等，2004；陈志豪等，2009）。

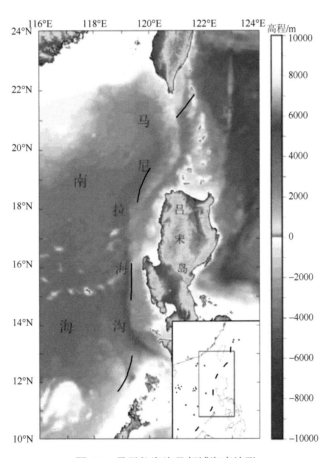

图 6.7　马尼拉海沟及邻域海底地形

从地震活动的分布看，南海 6 级以上地震几乎都集中在马尼拉海沟与吕宋海槽，而且主要为密集的浅源地震。美国地质调查局（USGS）地震数据资料显示，马尼拉海沟俯冲带潜在地震海啸源区（12°E～22°E，118°N～122°N）以浅源地震为主，自 1900～2015 年共发生 6 级以上地震 102 次，发生 6.5 级以上地震 37 次，发生 7 级以上地震 15 次。马尼拉海沟地形复杂，起伏较大，地震活动频繁，被普遍认为是一条正在活动的、具有特殊意义的重要汇聚边缘（陈志豪等，2009）。

6.6.2 地震资料预处理

本案例研究的历史地震震级记录数据（1900～2015 年）自美国地质调查局（USGS）地震数据资料库下载。

为尽可能地保证用于统计分析的地震震级记录数据样本的独立性，采用 Console 提出的 C-S 法（陈凌等，1998），通过确定与主震相关的余震空间、时间尺度，进行地震震级记录数据中余震的删除。当两个地震震级满足如下关系时，后一地震是前一地震的余震。

$$r \leqslant R_0(m_1); \Delta t \leqslant T_0; M_2 < M_1$$

式中，r，Δt 分别为两次地震的空间距离和时间间隔；T_0 为与 m_1 有关的定值；R_0 为随震级连续变化的函数，$\lg R_0 = 0.41m - 1.25$。C-S 法的余震时间窗见表 6.4。

表 6.4 C-S 法的余震时间窗

主震震级	4.0～4.5	4.5～5.0	5.0～5.5	5.5～6.0	6.0～6.5	6.5～7.0	7.0～7.5	7.5～8.0	8.0～8.5
间隔天数	42	83	155	290	510	790	915	960	985

6.6.3 震级阈值的选取

首先选取阈值 u，参照震级数据绘制平均超出量分布函数（图 6.8）。在平均超出量函数具有线性特征的区段选取对应的阈值。由图 6.8 可以看出，在[4.6，5.1]、[5.7，6.2]以及大于 6.5 时，平均超出量函数呈近似线性。另外，还要综合考虑样本数据的实际情况，通过观察在选取不同阈值时，形状参数 ξ 和修正尺度参数 $\hat{\sigma}$ 估计值的变化情况来进行取舍（图 6.9）。选取形状参数和修正尺度参数估计值较为稳定呈近似水平直线的区段所对应的阈值。由图 6.9 容易看出，当阈值位于区间[4.6，5.1]时，两个参数的估计值比较稳定。需要说明，如果阈值取得过大，则超阈值的样本量较少，会导致估计量的方差过大，反之阈值取得太小，使得超出量分布与广义帕累托分布出现较大偏差，会导致估计量的标准差过大。综合考虑超出量分布函数的线性要求和分布参数估计的稳定性要求，选取阈值为 5.1。

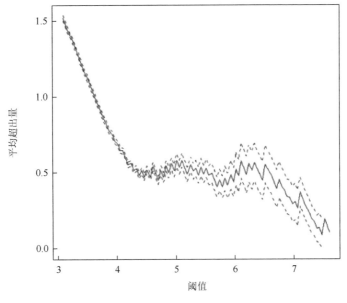

图 6.8　震级平均超出量分布函数图

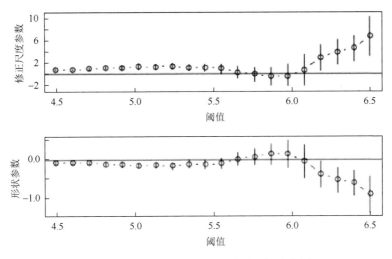

图 6.9　参数估计值随震级阈值选取的变化图

6.6.4　构建地震活动性广义帕累托模型

　　确定阈值后，就可得到超出量样本。依据式（6.4.2）进行帕累托分布的拟合，利用极大似然法，依据式（6.4.8）估计广义帕累托分布的参数，得到形状参数和修正尺度参数的估计值 $\hat{\xi}$，$\hat{\sigma} = (-0.18, 0.68)$，其中形状参数估计的标准差 0.04，其置信度 95% 的置信区间为 [−0.26, −0.10]。由于形状参数的估计值为负值，所以广义帕累托分布为韦布尔分布，右端点为有限值，这意味着马尼拉海沟存在震级上限。

　　然后对超出量函数进行广义帕累托分布拟合的情况进行诊断，诊断结果可由 4 个图

（概率图、分位数图、重现水平图、密度曲线图）表示（图 6.10）。当样本数据符合理论假设的分布时，概率图 6.10（a）和分位数图 6.10（b）应近似为直线；图 6.10（c）代表的是对应于不同重现期的重现水平，由于 $\xi < 0$，为韦布尔分布，符合函数存在上限值条件，因此重现水平曲线为凸曲线，且逐渐趋于有限值；从图 6.10（d）可以看出，拟合的密度曲线和数据的直方图较为一致。上述结果不能否定利用广义帕累托分布分析马尼拉海沟潜源区的强震震级分布特征合理性和适用性。

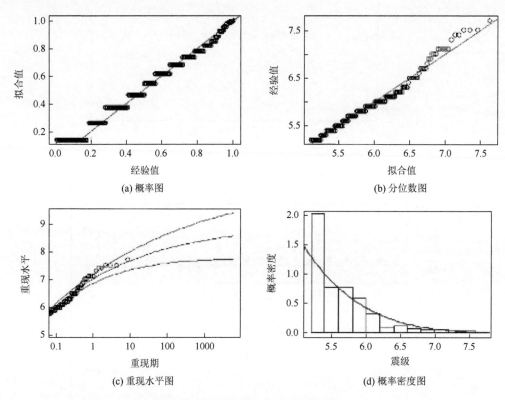

图 6.10　广义帕累托分布拟合诊断图

6.6.5　震级重现水平与震级上限估计

将阈值、形状参数与修正尺度参数估计值相应参数，代入式（6.4.20）得到震级上限估计值为 8.9 级，代入式（6.4.14）计算一定年限内的震级重现水平期望值，得到 10 年、50 年、100 年、200 年的重现水平估计值分别为 7.1 级、7.6 级、7.7 级、7.9 级（表 6.5）。

由于重现水平的估计存在一定误差，对重现水平的误差进行分析首先要计算得到参数估计的协方差矩阵：

$$V = \begin{Bmatrix} 0.00004 & 0 & 0 \\ 0 & 0.00161 & -0.00134 \\ 0 & -0.00134 & 0.00185 \end{Bmatrix}$$

将其代入式（6.4.18）得到对应于各重现水平期望的方差，可得到95%置信度下重现水平的区间估计，结果见表6.5。

表 6.5　马尼拉海沟震级重现水平估计

重现期/年	10	50	100	200
重现水平期望	7.1	7.6	7.7	7.9
方差	0.01	0.03	0.04	0.06
95%置信区间	[6.9, 7.3]	[7.2, 7.9]	[7.3, 8.1]	[7.4, 8.3]

6.6.6　结语

依据广义帕累托分布建立潜在地震海啸源区的强震危险性估计模型，并选取马尼拉海沟俯冲带进行案例研究，得到以下主要结论：

（1）选取震级阈值为5.1级，利用马尼拉海沟俯冲带历史地震记录震级超出量样本，依据广义帕累托分布，得到震级分布的形状参数和修正尺度参数取值分别为–0.18和0.68。由于形状参数小于0，推断马尼拉海沟俯冲带超过上述阈值的震级分布为广义极值分布的韦布尔分布。

（2）对马尼拉海沟俯冲带强震危险性进行分析，得到马尼拉海沟俯冲带的震级上限估计值为9.0级，10年、50年、100年、200年的震级重现水平期望值分别为7.1级、7.6级、7.7级、7.9级，相应地95%置信度下的置信区间分别为[6.9, 7.3]、[7.2, 7.9]、[7.3, 8.1]、[7.4, 8.3]。

利用广义帕累托分布模型，得到马尼拉海沟俯冲带震级重现水平和震级上限估计值，可作为震级参数选取的参照应用于南海及沿岸地区的地震海啸危险性分析，也可供该地区地震海啸早期预警以及近岸工程设防的相关工作参考。

第7章 地震海啸危险性概率分析的原理与方法

本章评述地震海啸危险性分析研究进展，讨论地震海啸危险性分析与地震危险性分析的联系和不同特点，分析地震海啸数值模拟和海啸危险性分析的不确定性，介绍地震海啸危险性概率分析方法的原理和技术路线。

7.1 地震海啸危险性概率分析的兴起与发展

地震海啸危险性概率分析（probabilistic tsunami hazard analysis，PTHA）与地震危险性概率分析（probabilistic seismic hazard analysis，PSHA）密切相关。Rikitake 和 Aida（1988）最早参照 Cornell（1967）提出的地震危险性概率分析方法，提出了地震海啸危险性概率分析方法。之后，全球一些沿海国家开始系统地进行沿海地区地震海啸危险性概率分析研究。

Rikitake 和 Aida（1988）从 2000～2010 年期间波高超过一定水平的海啸发生概率的角度，分析了日本各岛屿沿海地区未来发生海啸的危险性。他们假设海啸由地震断层错动所触发，利用地震历史资料和近岸区域地壳应变积累资料，估算 2000～2010 年间发生海啸的概率，采用数值模拟方法估计太平洋沿岸场点海啸波高。研究结果表明，在日本中部的太平洋沿岸海啸波高超过 5m 的概率达到了 41%；在四国岛（Shikoku）和九州岛（Kyushu）海岸海啸波高超过 1m 的概率值高达 69%。此外，他们对日本海沿岸地区发生海啸的概率进行的粗略评估显示该地区的海啸活动明显低于日本太平洋沿岸地区。

Choi 等（2001）研究了源于东（日本）海的地震海啸危险性，依据地震空区学说选择潜在地震海啸源，采用基于线性长波理论的数值模型，模拟了 28 次潜在地震海啸的生成、传播过程，得到了位于韩国东海岸场点的合成海啸目录，结果显示海啸波高分布数据可以用对数正态曲线拟合，各场点的海啸波高最大值未达模拟计算波高平均值的 6 倍。

Sakai 等（2006）选择日本沿海地区作为案例研究区，引入逻辑树方法进行海啸危险性概率分析，得到该研究区一些特定场点的海啸危险性曲线——海啸波高与超越概率之间的关系曲线，并以 5%、16%、50%、84% 和 95% 的置信区间表示海啸危险性的不确定性，并指出其研究结果可用于定量评估研究区内重要设施的海啸危险性。

Geist 和 Parsons（2006）对比地震海啸危险性分析的经验统计方法和数值模拟方法，系统地提出了地震海啸危险性分析的方法和技术路线，指出：①数值模拟方法依赖于海啸数值模型，由于可能有多个潜在地震海啸源会影响特定场点海啸上升高度，地震海啸危险性分析的计算变得十分繁杂；②对于有足够的历史海啸波高累积数据的特定地点，海啸危险性曲线可以主要从经验统计分析方法得出；③基于数值模拟的方法可以用来弥补历史海啸记录数据的缺失和缺陷，对于区域范围和没有历史海啸记录数据的场点，基于数值模拟的方法如蒙特卡洛模拟是估计海啸危险性的主要方法。在墨西哥阿卡普尔科（Acapulco）地区和美国太平洋西北沿岸卡斯卡迪亚（Cascadia）地区的两个案例研究中，将基于数值模拟的概率分析方法与基于海啸波高历史记录的经验统计分析方法结合使用，得到了特定场点海啸波高年超越概率曲线。在对卡斯卡迪亚地区的研究中，比较讨论了特征地震模型和基于 G-R 关系的地震模型的适用性。为构建海啸危险性曲线——海啸波高与超越概率之间的关系曲线，采用蒙特卡洛模拟方法，对震源位置和地震断层的滑移分布进行了随机化处理。

国内学者的地震海啸相关研究，可追溯至 20 世纪 70～80 年代。例如，Zhou 和 Adams（1988）利用历史海啸资料，结合中国沿海地区地震地质背景，对局地海啸和越洋海啸在中国近海地区的传播特征进行了初步分析，给出了中国台湾东部沿岸、大陆架沿岸、渤海沿岸海啸危险性程度之比为 16∶4∶1 的初步结论。

2004 年 12 月 26 日苏门答腊特大地震海啸发生之后，国内学者也广泛开展了地震海啸领域相关研究。

任鲁川和薛艳（2007）收集、整理中国沿海地区历史地震海啸灾害史料，依据中国海及邻域地震地质、海底地形地貌、海水深度特征，基于灾害性海啸发生的基本条件，厘定威胁中国沿海地区的潜在地震海啸源，初步分析了中国沿海地区地震海啸危险性的来源。

温瑞智和任叶飞（2007）借鉴地震危险性分析方法，探讨适用于中国的地震海啸危险性分析的基本原则和主要步骤，并根据我国历史地震海啸资料，用经验统计方法对我国珠江三角洲的海啸危险性进行了分析。

Ren 等（2010）将沿海地区地形地貌特征分析与海啸数值模拟计算相结合，用确定性方法评价了中国沿海地区的潜在海啸灾害风险。

Liu 等（2007）采用地震概率预测与海啸数值模拟相结合的方法，评估中国沿海地区地震海啸灾害长期风险。根据震级-频度关系式估算潜在海啸源及邻域的大地震发生概率，估计可能触发海啸的地震发生概率，依据浅水波方程数值模式，模拟计算地震海啸传至靠近中国海岸线的近海地区的海啸波高，将可能影响中国近海地区特定地点的一定波高的地震海啸概率求和，获得总的地震海啸风险。

任鲁川等（2014）论述了潜在地震海啸源位置界定原则、潜在地震海啸源参数取值方法、地震海啸发生率估算方法，在总结基于数值模拟的地震海啸危险性分析的基本步骤的基础上，针对地震海啸危险性分析中难以避免的不确定性，探讨了可以耦合潜在地震海啸源参数不确定性效应的地震海啸危险性分析方法。

经过多年研究探索，目前已形成了两类较为完善的地震海啸危险性分析方法——确定性方法和概率分析方法，其中的概率分析方法又包括基于场点海啸波高和爬高纪录的经验统计方法和基于数值模拟的概率分析方法两个亚类。确定性方法给定潜在地震海啸源震级和其他潜在地震海啸源参数，通过数值模拟计算出场点可能遭遇的海啸最大波高或爬高，用以分析海啸危险性，实际上这类方法仍属于地震海啸数值模拟的范畴。而基于数值模拟的概率分析方法，可用于特定场点针对多个潜在地震海啸源的海啸危险性估计，尤其适用于那些历史海啸记录较少或缺失的场点，但应用这类方法需要关于潜在地震海啸源性质、特征和海啸波生成与传播机制的先验知识，同时依赖潜在地震海啸源参数、地震和海啸重现率及其与之相关的不确定性方面的资料。对海啸历史记录很少的场点，或者对那些可能受多个潜在地震海啸源影响，而且各潜在地震海啸源的地震重现率分布范围很广的特定场点，基于数值模拟概率分析方法显示出特有的价值。与确定性方法相比，基于数值模拟的概率分析方法还有一个优点，就是便于进行输出参数对输入参数的敏感性分析。至于基于经验统计分析的方法，需要场点具有足够长时间的完整历史海啸记录，其优点是统计计算海啸危险性不需要潜在地震海啸源模型或位置的先验知识。为适应不同的用途，既需要确定性分析方法，也需要概率分析方法，但现在应用最为广泛的是基于数值模拟的地震海啸危险性概率分析方法。必须指出，在多目标风险分析中，如果将地震海啸危险性概率分析的结果加以分解，也能分离出针对各类特定情形利用确定性方法所能获得的结果（Geist and Parsons，2006；任鲁川等，2014）。

海啸危险的概率分析结果难以理解和解释，原因在于：①以概率形式表示的结果除了能提供海啸的地点、范围、严重程度等信息之外，还提供了关于海啸灾害发生可能性的信息；②地震海啸危险性概率分析结果并不是表征地震海啸从生成到传播，再到爬高或漫滩的一次单一过程的风险；③需要针对许多不同的潜在地震海啸源，同时需要通过繁杂的数值模拟计算与合成处理，才能得到特定场点的海啸危险性估计结果，并进而绘制出近岸特定场点概率曲线或近岸特定区域的海啸危险性超越概率图。

7.2　海啸危险性分析与地震危险性分析的比较

潜在地震海啸源区地震危险性分析是地震海啸危险性分析的基础工作，地震海啸危险性概率分析（PTHA）方法的确立以地震危险性概率分析方法和地震海啸数值模拟技术的完备为前提，两者既有异曲同工之处，又有各自鲜明的特点。

地震危险性指未来一定时期内、特定场点由地震引起的一定强度的地面运动的可能性，地面运动强度可用地面运动的峰值加速度和峰值速度表示，可能性常用超越概率或重现周期表示（章在墉和冯时庆，1996）。

地震危险性分析的技术路线可以粗略归结为三个主要环节：①界定未来一定时期内，可能对场点产生影响的潜在震源位置，标定潜在震源参数并分析相关联的不确定性；②研究地震波传播和衰减规律，为完成这一环节工作，需要依据已有的资料给出场点地面运动的经验关系式；③耦合各个潜在震源的效应和场地效应，分析场点的地震危险性。

迄今已有许多学者从多方面讨论了地震危险性概率分析中的不确定性问题，强调地震危险性概率分析必须充分考虑不确定性效应。目前通常将不确定性划分为认知类和随机类两个类别，采用合成地震目录方法、蒙特卡洛方法、逻辑树分析方法进行不确定性分析（Budnitz et al.，1997）。

地震海啸危险性指近海岸特定场点或地段遭受特定规模的有地震触发的海啸袭击的可能性。这种可能性可以表示为地震所触发的海啸使特定地点、特定时间段内波高超过特定数值的超越概率值（任鲁川和洪明理，2012）。我们本书中讨论地震海啸危险性采用这一含义。显然这仅是地震海啸危险性的一种简便定义方式，实际上依据研究目标的不同，也可以采用其他的定义方式。例如，当我们分析海啸可能引起的漫滩和淹地范围，用特定地点、特定时间段内海啸爬高超过特定数值的超越概率值表示更为方便；当我们关注海啸袭击时建筑物或构筑物的安全，也不妨用特定地点、特定时间段内、建筑物或构筑物遭受地震海啸袭击而损毁的可能性表示。Knighton 和 Bastidas（2015）基于与特定设施或结构安全相关的危险性变量，为海啸危险性概率分析定义了一个阈值函数 H，将所有相关的潜在海啸源在给定场点造成的海啸危险性定义为函数 $H(h_{max}, u_{max}, \mathrm{dur.}, w)$，这里的 h_{max} 是峰值波高，u_{max} 是海水运动的峰值速度，dur.为海水漫滩的持续时间，w 为预警时间，海啸危险性分析相对于选定的 $H(h_{max}, u_{max}, \mathrm{dur.}, w)$ 的临界值 H_{crit} 为参照进行。

地震海啸危险性概率分析的技术路线也可粗略归结为三个主要环节：①界定未来一定时期内可能对场点产生影响的潜在地震海啸源，为潜在地震海啸源参数赋值，分析地震海啸源参数的不确定性；②构建地震海啸生成和传播的数值模式，模拟计算地震海啸生成和传播的过程；③耦合各个相关潜在地震海啸源的效应和场地效应，分析场点的地震海啸危险性。

地震危险性分析主要考虑近场潜在震源的作用，因为在震级和其他地震参数相同的情况下，由于远场潜在震源的地震波经过在岩石和土层长距离传播的能量衰减，到达场点时对地面运动的影响已较小或甚微。而地震海啸危险性分析则必须考虑远场潜在地震海啸源的影响，因为在大洋和海域水体内传播的海啸，如达到一定规模，可以穿越广阔的大洋和海域远距离传播而能量衰减量占比很小，抵达接近场点的浅水和近岸区域时往往发生能量的集聚。在海啸的传播阶段，海啸波振幅大小会受到能量衰减效应和水深变化的影响，此外，在近岸区域会受到海底地形的强烈影响，在海湾、河口和港口会受到共振效应的影响。

地震危险性分析中，一种计算特定场点的地面运动峰值加速度的典型方法，是通过建立地震动衰减经验关系式，关系式中仅有潜在震源处发生的地震的震级和潜在震源与特定场点之间距离这两个变量。而在地震海啸危险性分析中，首先要依据地震海啸生成模式，计算潜在地震海啸源处发生的地震所触发的海啸波初始位移场，然后再依据海啸波传播的控制方程，利用海啸数值模型，模拟海啸波由源点传播至特定场点的过程。特定场点或区域的地震海啸危险性可能受制于多个、多类潜在地震海啸源的影响和制约。

由于上述原因，地震海啸危险性概率分析较地震危险性概率分析显得更为复杂。

7.3　海啸数值模拟和危险性分析的不确定性

7.3.1　不确定性的来源

利用地震海啸数值模型模拟计算海啸波生成、传播与爬高的各个环节中都存在不确定性因素，使得海啸数值模拟结果和基于数值模拟的海啸危险性分析结果的不确定性难以避免。

位于大洋区域和海域的潜在震源的位置和范围界定及其地震活动性分析，都包含不确定性因素。地震带和潜在震源区域划分、空间边界确定都具有不确定性，潜在震源区地震活动性模型参数（如年平均发生率、大小地震比例、震级上限等）的数值估计也都有不确定性，这些不确定性会传递到海啸数值模拟结果或海啸危险性的分析结果中（任鲁川和洪明理，2012；任鲁川等，2014）。

构建地震海啸生成模式所依据的半无限大弹性位错模型，简化了潜在地震海啸源的复杂性，未考虑区域地质结构的复杂特点和构成物质的非均匀性（任鲁川等，2014；Geist，2001）。潜在地震海啸源参数包括地震震级，地震震中，震源深度，发震断层走向、倾向、滑动角、位错、剪切模量、震源体尺度等，获取这些参数，不仅依赖海洋科学、地球科学相关基础理论的完备，同时也依赖潜在地震海啸源区海底构造、地震地质、地震活动研究的深入。就目前所具备的地震活动监测、地震地质资料分析水平、对潜在地震海啸源区的地震地质勘查能力以及对勘查资料的解释能力来看，准确的潜在地震海啸源参数还难以获得。不得已而利用含有不确定性的潜在地震海啸源参数，作为地震海啸生成模型的输入参量，计算海底初始位移，势必具有不确定性。总之，潜在地震海啸源参数选取与实际情形的偏离难以避免，这势必导致海啸波传播数值模拟结果的偏差，继而可能导致依据数值模拟计算结果所做出的地震海啸危险性分析结果和地震海啸预警信息失准（任鲁川等，2009，2014；Robert et al.，2006）。

利用海啸数值模式，能够模拟计算出海啸波到达研究区域内特定场点的时间和最大波高等数据，但经常出现的情况是，模拟结果与实际测量结果存在偏差。究其原因，除了数值模式模拟的地震海啸生成与传播过程与实际的地震海啸生成与传播的物理过程具有本质差别以外，输入数值模式中震源参数值设定、底摩擦系数选取、科里奥利力设置、坐标系的选取、海底地形和水深数据的精度和分辨率等的不同，都可能影响数值模拟结果包括海啸最大波高和爬高的数值模拟结果。

7.3.2 不确定性的分类

为讨论和处理方便起见，我们借鉴地震危险性分析中的做法（Budnitz et al.，1997），区分两种类型的不确定性，即随机类不确定性（aleatory uncertainty）和认知类不确定性（epistemic uncertainty）。随机类不确定性与物理过程本身的自然复杂性有关，是由事物的内在随机特征决定的，而且人类知识的积累和认识的完备不能消减这类不确定性。而认知类不确定性则是来自人们对事物的相关知识不全面、认识不完备而产生的不确定性，可以随着人们认识的逐步完备、知识的不断积累和通过收集额外的资料和数据而减少。随机类不确定性有时被称为外部的、客观的或偶然的不确定性，而认识类不确定性有时被称为内部的、主观的或功能的不确定性。

地震海啸数值模拟与危险性分析中的不确定性，有的可以归为认知类不确定性，如通过获取高分辨率的海底地形数据，可以减少海啸传播过程数值模拟的不确定性，也有本质上难以减少的随机类不确定性，如地震断层面相对滑动角的不确定性、海啸波传播到特定场点时耦合的天文潮波高的不确定性，都是难以通过相关资料、数据和知识的积累以及理论认识的深入而消减的不确定性。

7.4 地震海啸危险性概率分析的技术路线

7.4.1 技术路线：潜在地震海啸源参数取定值

潜在地震海啸源参数取定值，地震海啸危险性概率分析的技术路线归结如下（图 7.1）。

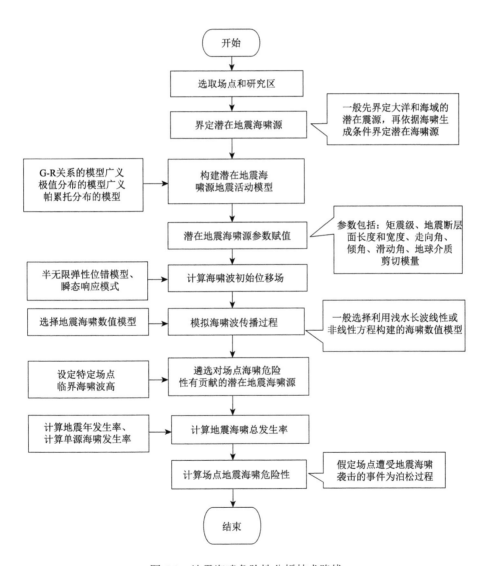

图 7.1 地震海啸危险性分析技术路线

第一步：选取场点和研究区。场点和研究区的选取根据研究和应用目标而定。

第二步：界定潜在地震海啸源。针对所选的场点和研究区，界定相关潜在地震海啸源（界定原则和方法详见第 2 章）。

第三步：构建潜在地震海啸源地震活动模型。分析潜在地震海啸源区及邻域地震地质构造特征和历史地震活动特征，参考前人相关研究成果，构建地震活动性模型（模型选择、模型构建原理与方法详见第 6 章）。

第四步：潜在地震海啸源参数赋值（赋值方法详见第 3 章）。这里需要特别说明，尽管地震海啸危险性分析的数值模拟计算中，形式上输入的仍是震级数据，实际上输入的震级数据是与该级别地震发生率相关联的。正是为了得到与发生率相关联的震级数据，才需要在上一步先行构建潜在地震海啸源区的地震活动模型。

第五步：利用地震海啸生成模式，计算海啸波初始位移场。先计算潜在地震海啸源区地震引起的海底表面的同震位移。目前一般采用半无限空间弹性位错地震断层模型计算海底表面的同震位移，该模型由 Mansinha 和 Smylie（1971）提出，后来 Okada（1985）做了改进和总结（详见第 3 章）。再依据瞬态响应模式推断相应的海啸波初始位移。瞬态响应模式假设地震引起的海底表面变形极为迅速，且海水不可压缩，在地震发生瞬间覆盖在地震海啸源区之上的海水难以大规模流动，海水表面初始位移场即海啸波初始位移场与海底表面初始位移场相同。

第六步：选用海啸数值模型，模拟海啸波传播过程。美国、日本、中国先后研发了 MOST、TUNAMI、COMCOT、CTSU、GEOCLAW 等海啸数值模型，目前模拟计算海啸波传播过程常选用这些海啸数值模型（相关内容详见第 5 章）。

第七步：遴选对场点海啸危险性有贡献的潜在地震海啸源。首先根据研究目标和应用目的，选定临界海啸波高；然后从数值模拟计算结果中提取场点海啸波高数据；再以场点最大海啸波高 $h_{max}\left(r,r_{0i},\psi_s^{crit}\right)$ 超过临界海啸波高 h_{crit} 即 $h_{max}\left(r,r_{0i},\psi_s^{crit}\right) \geqslant h_{crit}$ 为判据遴选潜源，r 表示场点的空间位置，r_{0i} 表示遴选出的第 i 个潜在海啸源的空间位置，h_{crit} 表示选定的临界海啸波高，ψ_s^{crit} 表示与临界海啸波高对应的一组潜在地震海啸源参数。

第八步：计算地震海啸总发生率。先计算单个潜在地震海啸源的海啸发生率（简称单源地震海啸发生率）；再计算选定的所有潜在地震海啸源的海啸总发生率（简称地震海啸总发生率）。

若以 ψ_s 表示潜在海啸源参数，以 $n(r,r_{0i},\psi_s)$ 表示位于 r_{0i} 的潜在海啸源的地震发生率，以 ψ_s^{max} 表示与海啸波高最大值相对应的一组潜在海啸源参数，那么近岸特定场点的超过临界海啸波高的地震海啸发生率，在形式上可以表示为

$$N(r,r_{0i},h_{crit}) = \int_{\psi_s^{crit}}^{\psi_s^{max}} n(r,r_{0i},\psi_s)\mathrm{d}\psi_s \tag{7.4.1}$$

即单源地震海啸发生率可表示为地震发生率对潜在地震海啸源参数空间的定积分，积分上限和下限分别是临界海啸波高和最大海啸波高所对应的潜在海啸源参数。实际计算中，需要对式（7.4.1）离散化处理，就遴选出的各组潜在海啸源参数所对应的地震发生率求和。

应用上面的公式时，潜在海啸源的参数空间可以被简化为以矩震级表示的震级。利用潜在地震海啸源区的地震活动性模型计算地震发生率，一种方法是基于 G-R 关系导出的公式 $n(M_\mathrm{W}) = 10^{a+bM_\mathrm{W}}$ 计算（Geist and Parsons，2006）。此外，还可以利用其他类型的地震活动性模型计算，如利用基于广义极值分布的地震活动性模型或基于广义帕累托地震活动性模型计算。

地震海啸总发生率可表示为潜在地震海啸源的位置参数空间的积分：

$$N(r,h_\mathrm{crit}) = \int N(r,r_{0i},h_\mathrm{crit})\mathrm{d}r_{0i} \qquad (7.4.2)$$

如果界定出 M 个相关潜在地震海啸源，令 $i = 1,2,\cdots,M$，则式（7.4.2）改写成离散化的形式，有

$$N(r,h_\mathrm{crit}) = \sum_{i=1}^{M} N(r,r_{0i},h_\mathrm{crit}) \qquad (7.4.3)$$

实际计算中，依据式（7.4.3）对遴选出的各个潜在海啸源对应的地震海啸发生率求和。

第九步：计算场点地震海啸危险性。假定场点遭受地震海啸袭击的事件为泊松过程，则在未来一定时期 T 内，场点地震海啸波高超越临界值 h_crit 的概率即场点地震海啸危险性可以表示为

$$P(r,T,h_\mathrm{crit}) = 1 - \mathrm{e}^{-N(r,h_\mathrm{crit})T} \qquad (7.4.4)$$

7.4.2　技术路线：耦合潜在地震海啸源参数不确定性效应

地震海啸危险性概率分析的结果可以用海啸危险曲线——海啸高度与超越概率之间关系曲线表示。对于实际工程需要而言，评价海啸危险性的不确定性更为重要，而不是获得所谓"最佳估计"的危险曲线（Annaka et al.，2007）。

将不确定性划分为认识类不确定性和随机不确定性两类，分别从生成、传播和爬高过程三个环节，研究地震海啸概论危险性分析的不确定性，不失为一条方便的途径（Geist，2005）。Geist 曾指出，实际上与地震海啸危险性分析相关的大多数不确定性都是认知类不确定性，这类不确定性可以通过增加资料的收集与分析而加以消减。例如，更高的分辨率测深可以提高数值传播计算的精度，然而某些潜在地震海啸源参数的不确定性，如地震断层面滑动角方向的不确定性是地震破裂的物理特性所固有的，这类不确定性是随机类的，并不能通过收集更多的数据而减少。

既然潜在海啸源参数往往具有认知类不确定性，同一潜在震源区的震级上限估计，可能来源于不同的地震活动性模型，诸如基于 G-R 关系的模型、基于广义极值分布模型、特征地震模型等，那么利用逻辑树的方法能耦合震级上限估计的不确定性效应。又如由地震矩震级计算位错量时剪切模量的取值，经常的做法是依据标准地球参考模型，但观测资料显示，俯冲带的近地表区域剪切模量的数值变小。采用逻辑树的方法可以在地震海啸危险性分析中耦合上述震级取值和剪切模量取值不同所导致的认知类不确定性效应（Petersen et al.，2002；Annaka et al.，2007；Rikitake and Aida，1988）。也可以采用随机模拟的方法（Monte Carlo methods，蒙特卡洛方法）实现地震海啸危险性分析中潜在

地震海啸源参数具有的随机不确定性效应的耦合（Geist and Parsons，2006；任鲁川等，2014）。根据研究目标的需要，进行地震海啸危险性分析时也可以将随机模拟的方法和逻辑树方法有机联合使用。

7.4.2.1　逻辑树方法

下面用一个简化的例子，说明采用逻辑树方法耦合潜在地震海啸源参数不确定性效应的技术路线（Geist and Parsons，2006）（图 7.2）。

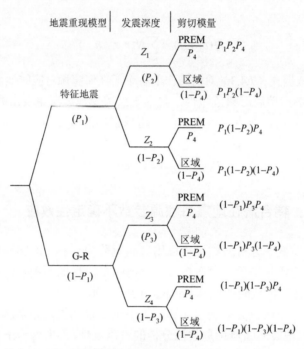

图 7.2　逻辑树的方法示例

PREM 为标准地球参考模型

图 7.2 给出了三个模型参数的简化逻辑树的示例：

（1）假定地震重现符合基于 G-R 关系的模型，或者符合基于特征地震的模型，如果为基于特征地震模型的地震发生率为 P_1，则基于 G-R 关系的地震模型的地震发生率为 $1-P_1$。

（2）假定依据地震活动模型的不同，震源深度取值不同，对于基于特征地震模型，震源深度分别取 Z_1，Z_2 两个深度值，相应的地震发生率分别为 P_2 和 $1-P_2$；而对于基于 G-R 关系的模型，震源深度分别取 Z_3，Z_4 两个深度值，相应的地震发生率分别为 P_3 和 $1-P_3$。

（3）对应于每个震源深度，剪切模量有两种取值方法，分别是依据标准地球参考模型的取值和针对俯冲带区域的取值，对应的概率取值分别为 P_4 和 $1-P_4$。

图 7.2 中,在逻辑树分支下面的括号中为权重因子,图的最右边给出了所有三个参数的联合概率。

7.4.2.2 随机模拟法

针对潜在地震海啸源位置界定和参数取值难以避免不确定性的情况,以上文所述技术路线基础,加以改进和补充,可以给出一种耦合潜在地震海啸源参数不确定性效应的地震海啸危险性概率分析方法(Geist and Parsons,2006;任鲁川等,2014)。这一方法适用于耦合随机类的不确定性。下文以耦合震中位置、震源深度、断层滑动角三个参数的不确定性效应为例介绍耦合潜在地震海啸源参数不确定性效应的方法。

首先,完成 7.4.1 节所述的第一步至第五步。需要先补充完成的工作是潜在地震海啸源参数的不确定性分析。在界定潜在地震海啸源并为地震断层参数赋值时,根据地震构造、测震资料、震源机制解的分析,估计震中位置、震源深度、断层滑动角这三个参数取值的不确定性特征;如果可以经过统计分析得到参数的概率分布,就可采用蒙特卡洛方法,通过随机模拟得到这些参数的随机样本值,再综合其他潜在地震海啸源参数,得到潜在地震海啸源参数样本值。需要特别注意的是,震级参数或位错参数取值应与计算地震海啸发生率的特定震级取值相对应。

然后,选取地震海啸数值模式,以潜在地震海啸源参数样本值作为输入数据,模拟计算海啸波传播。

遴选对场点海啸危险性有贡献的潜源,仍然用场点最大海啸波幅超过临界海啸波幅为判据。

为了耦合潜在地震海啸源参数取值不确定性效应,采用如下处理方法:假定一共遴选出 M 个潜源,$l=1,2,\cdots,M$。从遴选出的第 l 个潜在地震海啸源的模拟计算结果中,提取场点最大海啸波幅数据,用 $h_{\max}(r,m,L,W,\theta,\delta,x_{0i},y_{0i},z_{0i},\lambda_i)$ 表示提取出的第 i 个样本,简记为 $h_{\max}(i)$,用 $\bar{h}_{\max}(r,m,L,W,\theta,\delta)$ 表示最大海啸波幅平均值,简记为 $\bar{h}_{\max}$,其中 r,m,L,W,θ,δ 分别代表场点位置、震级、断层长度、断层宽度、断层走向角、断层面倾角,$x_{0i},y_{0i},z_{0i},\lambda_i$ 分别代表震中纬度、经度、震源深度、地震断层滑动角的第 i 个样本。假定样本总数为 N,则最大海啸波幅平均值为

$$\bar{h}_{\max} = \frac{1}{N}\sum_i h_{\max}(i) \tag{7.4.5}$$

与之相对应的方差为

$$\sigma_h^2 = \frac{1}{N}\sum_i \left[h_{\max}(i) - \bar{h}_{\max}\right]^2 \tag{7.4.6}$$

用变量 y 表示场点最大海啸波幅。假定 y 符合高斯分布,则 y 的累积分布

$$\Phi\left(y \geqslant h_{\text{crit}}|\bar{h}_{\max},\sigma_h\right) = \int_{h_{\text{crit}}}^{\infty} \frac{1}{\sigma_h\sqrt{2\pi}}\exp\left[-\frac{\left(y-\bar{h}_{\max}\right)^2}{2\sigma_h^2}\right]\mathrm{d}y \tag{7.4.7}$$

表示第 l 个潜源,当 r,m,L,W,θ,δ 取定值,而 $x_{0i},y_{0i},z_{0i},\lambda_i$ 随机取值时,场点最大海啸波

幅超过海啸临界波幅的累积概率。显然场点海啸波幅 y 的最大值应该是有限的，记为 $h_{\max}$。
如果将区间 $|h_{\max} - h_{\text{crit}}|$ 等分为 M 段， $j = 1, 2, \cdots, M$ ，取 $\Delta y = \dfrac{1}{M}|h_{\max} - h_{\text{crit}}|$ ，令 y_j 表示第 j
个区间段中点的值，则式（7.4.7）的离散形式为

$$\Phi\left(y \geq h_{\text{crit}} | \bar{h}_{\max}, \sigma_h\right) = \sum_{1}^{M} \frac{1}{\sigma_h \sqrt{2\pi}} \exp\left[-\frac{(y_j - \bar{h}_{\max})^2}{2\sigma_h^2}\right] \Delta y \qquad (7.4.8)$$

用 m^{crit} 表示与海啸波幅临界值 h_{crit} 对应的震级， $m^{\max}$ 表示与海啸波幅最大值对应的震
级， $n_l(r, m)$ 表示第 l 个潜在地震海啸源震级参数取 m 时的地震海啸发生率， $N_l(r, h_{\text{crit}})$ 表
示第 l 个潜在地震海啸源的地震海啸发生率，则

$$N_l(r, h_{\text{crit}}) = \int_{m^{\text{crit}}}^{m^{\max}} n_l(r, m)\Phi(y \geq h_{\text{crit}} | \bar{h}_{\max}, \sigma_h)\mathrm{d}m \qquad (7.4.9)$$

再将震级由 m^{crit} 至 $m^{\max}$ 分为 K 组， $k = 1, 2, \cdots, K$ ，令 $\Delta m_k = m_{k+1} - m_k$ ，则式（7.4.9）
的离散形式为

$$N_l(r, h_{\text{crit}}) = \sum_{k=1}^{k} n_l(r, m_k)\Phi(y \geq h_{\text{crit}} | \bar{h}_{\max}, \sigma_h)\mathrm{d}m \qquad (7.4.10)$$

式（7.4.10）可用于计算单源地震海啸发生率。

如前所述，假定一共遴选出 M 个潜源， $l = 1, 2, \cdots, M$ ，那么，地震海啸总发生率为

$$N(r, h_{\text{crit}}) = \sum_{l=1}^{M} N_l(r, h_{\text{crit}}) \qquad (7.4.11)$$

最后，仍可沿用式（7.4.4）计算场点地震海啸危险性。

第 8 章 地震海啸数值模型的不确定性和敏感性分析

本章对地震海啸危险性分析数值模型的不确定性和敏感性分析的相关研究进展进行评述；介绍了不确定性研究中常用的敏感性分析方法的原理和特点；给出地震海啸数值模型的不确定性和敏感性分析的技术路线。

8.1 不确定性分析和敏感性分析研究进展

自 20 世纪末，一些学者即开始关注地震海啸数值模拟和以之为工具的海啸危险性概率分析的不确定性与敏感性分析问题。

Titov 等（1999）较早进行这方面研究，采用地震海啸 MOST 模型模拟跨洋海啸传播，基于数值模拟结果，分析夏威夷近海区域特定场点海啸波对阿拉斯加-阿留申俯冲带的源参数的敏感性。他们从历史地震海啸记录看到，阿拉斯加-阿留申俯冲带是威胁夏威夷的破坏性海啸的主要源区之一，即以该地区安德烈亚诺夫岛 1996 年发生的地震海啸为例，设计数值模拟方案。模拟计算结果显示，大洋区域与近海区域的水深特征对海啸波首波的影响小，由此推断，首波挟带的地震海啸源的有关信息最多，而后续的波列会受到近岸区反射波和折射波的影响，而使情形变得复杂。当地实际的历史海啸记录也显示，夏威夷的许多特定场点，海啸波的首波波高最大，从而也最具破坏性。他们针对上述模拟计算结果和历史海啸记录反映出的这些特征，选择将敏感性分析对象聚焦在海啸波的首波上。设定了七个不同的震中位置，并根据设定的震中位置调整相应的地震断层走向，保持地震断层沿着阿留申海沟方向排列。为了确定海啸波首波对地震断层破裂面尺寸的敏感性，使用了六组不同的尺寸数据。分析结果表明，首波相对于地震断层破裂面参数的变化不敏感，而震中位置则是决定首波特征的重要参数。同时，他们还分析倾角和滑动角变化对海啸波的影响，发现将倾角从 20° 降低到 10°，尽管导致首波振幅降低 30%，但周期和形状保持不变；发现滑动角的变化对首波的影响不大，选用 5 种不同的滑动角，范围从纯倾斜滑动（滑动角 90°）到断层运动有 50%的走滑分量（滑动角 135°），首波最小振幅（对应滑动角 135°）只比最大振幅（对应滑动角 90°）少 20%。

Geist（2005）在研究太平洋西北部的卡斯卡迪亚俯冲带地震引发的局地海啸时，阐述了海啸危险计算的不确定性来源，指出最大的不确定性来源于地震断层的位错和倾角。同时，发现近岸海啸波振幅的显著变化是断层错动模式的不确定性引起的。强调正确识别与海啸产生和传播有关的不确定性对海啸危险性概率分析至关重要。

Yanagisawa 等（2007）利用历史海啸事件记录和海啸爬高信息的数据库，系统考察历史上由海底地震触发产生的海啸。通过对比特定场址历史海啸高度记录和包括特定场址区域的海啸波高数值模拟结果，以验证地震海啸数值模式的适用性。提出以下建议，即在进行地震海啸危险性分析伊始，就应该仔细评估地震断层的所处位置、错动机制和可能发生地震的最大震级，研究分析历史上地震海啸发生地区的地震构造，数值模拟计算中要分析模型输入参数的误差范围，在对潜在地震海啸源模型进行参数化时必须考虑不确定性引起的误差。

Edison 等（2007）就地震断层面不同参数对远场地震引发海啸的影响进行了敏感性分析。选择环太平洋地震带上的位于日本近海、阿留申群岛、智利近海的几个潜在地震海啸源，利用 COMCOT 模式模拟太平洋区域的海啸波传播，并选定夏威夷近海区域的一系列特定场点为例，对比分析模拟海啸波高对地震海啸源输入参数的敏感性，考察的地震海啸源参数包括震中位置，震源深度，地震断层的走向、倾向、滑动角、尺度和位错量。研究结果显示，震级相同，倾角和滑动度、震中位置和震源深度在合理范围内变化对远场场点的海啸波高影响不显著，而地震断层面尺度、走向角、滑动位移的改变引起的远场特定场点海啸波高变化显著。他们的这一研究也揭示出，远场特定场点海啸波高对地震断层面尺寸、滑动位移和走向角等地震参数的敏感性并不总是随着地震与远场特定场点距离的增大而减小。他们基于研究结果，强调了获取准确的地震海啸源参数对于海啸预测的重要性，指出即使对于几千英里[①]以外的远场场点，也不能仅从震中位置和震级来描述地震而将地震海啸源视为简单的点源。

Wang 和 Liu（2006a，2006b）以马尼拉海沟俯冲带和琉球海沟俯冲带发生地震在我国南海引发海啸为模拟情景，对我国台湾近岸的海啸波高和到时进行数值计算，显示我国台湾近岸海啸波高对位错十分敏感，但是对地震断层走向和倾角不敏感。

任鲁川等（2009）以马尼拉海沟北段为潜在海啸源，根据当时中国地震台网对该区地震的监测能力，估计震级测定的误差，利用 COMCOT 海啸数值模式模拟海啸波在南海区域的传播，分析了南海北缘华南近海区域及台湾岛南部近海区域 3 个特定场点的最大海啸波高的不确定性特征及对震级偏差的敏感性特征。

姚远等（2007）分析了海啸数值模拟确定初始输入变量的困难，讨论了数值模拟所需的海底地形数据以及近岸陆地高程数据的分辨率和准确性存在的问题，指出：①由于现有地震测量技术的局限，还无法详细得知海底地形变形的各种参数，如断裂方向、长度、宽度、几何形状、滑移量等，尤其是在地震发生之时的海啸实时预报中，这些参数就更难得到了；②一般情况下，对于有记录的地震，海啸模型计算的初始条件是通过近似计算得到的，对于没有历史记录的情形或者进行实时海啸预报时，初始条件都是通过假定获得的，这种方法无疑会对计算结果带来很大的误差；③虽然可以选择时间分辨率，但是空间分辨率却严重依赖于海底地形数据和近岸陆地高程数据，直至现在，准确的或高分辨率的大洋和近海地形数据仍然缺乏，而近岸陆地高程数据的准确性将对计算海啸的爬高起到决定性的作用，现阶段一般通过假定海底地形均匀变化和岸线高度等高来进行计算，这将影响数值模拟的近岸区海啸波高、爬高结果。

Yolsal 和 Taymaz（2010）强调在海啸数值模型测试阶段，就应研究模型输出对各个输入参数的敏感性。他们选取地中海东部地区为案例研究区，就震源破裂特征如何

---

① 1 英里≈1.609344km。

影响远场地震海啸波振幅、频率和到达时间，进行了几种敏感性试验。潜在地震海啸源参数选取了震中位置、地震断层走向和倾角及滑动角、断层面积尺寸、最大位错和震源深度，采用基于非线性浅水理论的 TUNAMI-N2 地震海啸数值模式，模拟计算地中海假想验潮站点的合成水面波动，分析震源参数如何影响远场海啸波特征。研究结果显示：①海啸波的振幅和波形与震级或地震矩直接相关，随其变化而变化；②震中位置变化对初始海啸波高影响不显著，但对最终传播到场点海啸波的特征影响较大，而且场点海啸波的到时也随震中与场点之间距离的变化而变化，特别是当大洋中传播的海啸波逐渐远离震源区时振幅减小；③震源机制的变化会改变海啸波在大洋中和近岸特定场点传播的方向、波幅、波形和海啸波到达时间；④当地震位错发生变化时，各假想验潮站的海啸波振幅差异很大；⑤大洋区域和大陆架沉积区的水深、海底不规则性（如存在海山、火山、增生楔、海沟、洋脊）对远场海啸波特征有明显的决定性影响。

温瑞智等（2011）对导致地震海啸危险性分析不确定性的因素作了初步归结，指出这种不确定性来源于确定潜在地震海啸源的位置及地震类型、确定震级-频度关系中参数、采用经验公式确定断层参数、对断层破裂进行假设、数值模拟中采用的海水深度误差、数值模式中对传播原理进行假设产生的不确定性等。

任叶飞等（2015）鉴于海水深度数据是利用海啸数值模式进行地震海啸危险性分析最基本的输入数据之一，但目前存在多种可供使用的数据源，数据精度的不同也可能会对最大海啸波高造成影响，以南海为数值模拟区域，以马尼拉海沟俯冲带作为潜在震源区，通过分别选取 30″精度的 SRTM、1′精度的 GEBCO、1′精度的 ETOPO 海水深度数据，分析水深数据的差异性对最大海啸波高的影响，并通过对 ETOPO 水深数据进行人为改变来分析水深数据误差对最大海啸波高的影响。他们的研究结果表明，水深数据的差异对于深海区域最大海啸波高的影响可以忽略，但在近海浅水区域影响较为明显，水深数据误差对于外海开阔海域的海啸波高几乎没有影响，但会造成相位的变化，对沿海区域海啸波振幅值有一定的影响。

Geist 和 Lynett（2014）建议海啸风险概率分析（PTHA）方法应包括可能产生海啸的所有可能方式；正是由于缺乏历史海啸观测记录资料，才使用数值模拟的计算方法来分析海啸危险性；选择使用的方法不仅应该包括所有可能导致场点灾害发生的海啸源，而且应顾及潜在海啸源可量化参数的不确定性。他们还指出，尽管地震触发海啸的机理和数值模式、海啸波在大洋中传播，以及近岸区漫滩的模拟、地震海啸危险性分析等方面的研究广泛开展，地震海啸模型已被广泛地用于海啸预报、海啸灾害预测和海啸灾害风险评估，但是潜在海啸源参数诸如震中位置和地震断层滑动的分布的不确定性对海啸模式模拟计算结果的影响，仍是需要深入探讨的问题（Gica et al., 2007）。

任鲁川和洪明理（2012）、任鲁川等（2014）论述海啸危险性分析研究中不确定性分析方法的局限，指出以往的地震海啸危险性的不确定性分析只是采用了局域敏感性方法，即在模拟计算时每次仅令一个输入参数发生改变，同时假定其他参数保持不变，所以只能考察单个输入参数不同取值对最大海啸波高不确定性的影响，而不能分析参数间的交互作用对最大海啸波高不确定性的影响。鉴于上述研究状况，他们将全局敏感性分析方法引入地震海啸危险性分析的不确定性分析，选用马尼拉海沟俯冲带作为潜在地震海啸源开展了案例研究。以马尼拉海沟北段发生 8 级地震为例，假定震源参数的测量误差上限，震级服从正态分布，震源深度、走向、倾向和滑动角服从均匀分布，用敏感性分析中的 Morris 方法，定性分析了特定场点最大海啸波高对震级、震源深度、走向和滑动角的全域敏感性；假定各潜在地震海啸源参数偏差上限，参数在其不确定性范围内均服从正态分布，用敏感性分析中的 E-FAST 方法，定量分析了特定场点最大海啸波高对震级、震源深度、震中位置、走向、倾角和滑动角的敏感性，分析了各参数的不确定性和各参数间的相互作用对最大海啸波高不确定性的影响。这些研究表明（任鲁川和洪明理，2012；任鲁川等，2014），分析地震海啸数值模拟结果和危险性分析结果的不确定性及其对输入参数的敏感性，采用全局敏感性分析方法较采用局域敏感性分析方法具有明显的优越性。他们同时指出需要深入开展两个方面的研究，一个方面的研究是基于地震监测与资料分析能力和基于海域地震地质勘查和资料解译能力，对潜在地震海啸源参数估计不确定性分析的方法；另一个方面的研究是评估海啸数值模式的不确定性特征的方法，以及评估海啸数值模式的输出参量相对于潜在海啸源参数的敏感性特征分析方法。

8.2　不确定性分析和敏感性分析的方法

不确定性分析和敏感性分析是密切相关的，一般情况下二者应同时进行。

8.2.1　敏感性分析的定义与方法

8.2.1.1　敏感性分析的定义

在不同的领域中，对敏感性分析这个术语有不同的解释。Saltelli 等（2004）将敏感性分析定义为：将模型输出参量的不确定性来源分摊到模型输入参量的不确定性中去的方法。敏感性分析需回答两个问题：①在决定输出参量的不确定性时，哪个输入因子的不确定性更重要？②为了最大限度地减少输出参量的不确定性，需要消减输入因子的不确定性，应该选择哪些输入因子？

必须强调指出，这里需要从非常广泛的意义上理解术语"因子"的含义。所谓输入因子，指在模型运行之前可以改变的任何参量，包括描述模型结构不确定性和描述人类认知来源不确定性的参量。

8.2.1.2　局域敏感性分析方法

直到目前，敏感性分析有时还会被认为是模型的输入因子影响模型输出的一种局域（local）度量方法，也被称作局域敏感性分析（local sensitivity analysis）方法。这类敏感性分析方法，用模型的输出对模型的某一输入因子的导数表示敏感性，通常通过直接或间接的方法计算得到，可用公式表示为 $S_j = \partial Y / \partial X_j$，其中 Y 表示输出，X_j 表示第 j 个输入因子。

对于那些可以被定义为"反"问题的分析，这种局域度量方法肯定是有价值的，因为通过观测实验，采用这种局域度量方法可以确定复杂系统的某些物理参数。

8.2.1.3　全域敏感性分析方法

在诸如风险分析、决策支持、环境评估领域，要定量评估系统输出 Y 的最佳估计值的不确定性，这时输入因子的变化范围分析也是重要的。许多情况下，模型使用了多维参数和（或）输入数据来表征系统的属性，这时必须能确定一组简化的标量因子，以便能够以浓缩但仍不失详尽的形式表示多维不确定性。敏感性分析方法必须适用于各类模型，就是说，不需要对模型性质做特殊假设（如不需假设模型具有线性、单调性和可加性等）。能满足上述需求和限定的敏感性分析方法被称为全域敏感性分析（global sensitivity analysis）方法。

具体地说，全域敏感性分析方法应具备以下特征：

（1）输入因子的取值范围和形式可以包括概率密度函数的表达形式。

（2）适用于输入因子取多维平均的形式。

（3）能在所有其他输入因子保持变化的条件下，评估某一个输入因子的影响。这一特征鲜明地区别于敏感性分析的局域方法，后者获得的仅是当假设所有其他输入因子都保持不变，只有一个输入因子变化的条件下的结果。

（4）能广泛地适用各类模型。无论模型是否具有线性、单调性或可加性特征，方法都应有效；能够反映出输入因子之间的相互作用效应。这一特征对非线性、非可加性模型的敏感性分析尤为重要。

（5）应能够像处理单个输入因子一样，分组处理输入因子。这一特征对于分析结果解释的便捷是必不可少的。

8.2.2　两种全域敏感性分析方法简介

下文简要介绍两个全域敏感性分析方法，一个是定性分析方法，一个是定量分析方法。方法原理的详细介绍参见附录。本书第 10 章和第 11 章，将介绍这两个方法用于地震海啸数值模拟和海啸危险性分析的研究案例。

8.2.2.1　敏感性定性分析的 Morris 方法简介

Morris（1991）提出一种具有全域敏感性分析属性的定性敏感性分析方法。

该方法采用一次只改变一个参数的抽样处理，计算出各参数的基本效应（elementary effect，EE）。然后计算基本效应的平均值 μ 和标准差 σ，再对比分析这两个数值，就输入参数的不确定性对输出参数的不确定性的影响程度即输出参量对输入参量的敏感性进行排序，同时考察在对输出结果的不确定性的影响上各个输入参数之间是否存在相互作用。

设系统模型可以用函数 $y = f(x_1, x_2, \cdots, x_k)$ 表示，此处 $x_1, x_2, \cdots, x_k$ 为 k 个输入参量，y 为模型的输出参量。Morris 方法先将输入量中每个参数的取值范围映射到[0, 1]，并将其离散化为 p 个水平，使每个参数只能从 $\{0, 1/(p-1), 2/(p-1), \cdots, 1\}$ 中取值，其中 $\varDelta = 1/(p-1)$，为预先设定的变化量。通过随机抽样得到基向量 $X^* = (x_1^*, x_2^*, \cdots, x_k^*)$，共需进行 $k+1$ 次抽样。实验设计采取一次只改变一个参数取值的方法，使 k 个参数轮流变化，这样抽样得到的一组向量为一个轨道（trajectory），每条轨道相邻的两个向量只有一个参数不同。分别计算同一轨道内各参数的基本效应：

$$d_i(x) = \frac{\left[y(x_1, \cdots, x_{i-1}, x_i + \varDelta, x_{i+1}, \cdots, x_k) - y(x) \right]}{\varDelta} \tag{8.2.1}$$

设有 n 条轨道，则每个参数有 n 个基本效应。再计算 n 个基本效应的均值 μ 和标准差 σ。计算公式为

$$u = \sum_{i=1}^{r} d_i / r \tag{8.2.2}$$

$$\sigma = \sqrt{\sum_{i=1}^{r} (d_i - u)^2 / r} \tag{8.2.3}$$

式中，r 为采样个数。

基本效应的均值 u 的绝对值越大，表明该输入参数的不确定性对输出结果的不确定性影响程度越大，反之亦然。基本效应的方差 σ 反映了该输入参数与其他输入参数之间在对输出结果不确定性影响上的相互作用程度，σ 越大，表明该参数与其他参数相互作用程度大，反之亦然。

Morris 方法，可以用于确定输入参数对输出参数的敏感性大小排序以及检验各输入参数之间是否存在交互作用。

8.2.2.2　敏感性定量分析的 E-FAST 方法简介

E-FAST 方法是 Saltelli 等（1999）将 Sobol 法和傅里叶振幅灵敏度检验法（Fourier amplitude sensitivity test，FAST）的优点相结合，而提出的一种基于方差分解的全域敏感性定量分析方法。该方法将模型的敏感性分为单个输入参数的敏感性及参数间交互作用的敏感性，单个参数独立作用的敏感性用主效应指标表示，参数总敏感性（单个参数的敏感性和该参数与其余参数间交互作用的敏感性之和）用全效应指标衡量。

Sobol 法的依据是模型可以分解为单个参数和组合参数的函数，从而模型输出 y 的总方差 $V(y)$ 可以分解为

$$V(y) = \sum_{i=1}^{n} V_i + \sum_{i \neq j} V_{i,j} + \sum_{i \neq j \neq k} V_{i,j,k} + \cdots + V_{1,2,\cdots,n} \tag{8.2.4}$$

其中，$V_i = V[E(y|x_i)]$，$V_{i,j} = V[E(y|x_i,x_j)] - V_i - V_j$，$V_{i,j,k} \sim V_{1,2,\cdots,n}$ 以此类推。V_i 表示输入参数 x_i 对模型输出 y 的总方差 $V(y)$ 的影响；$V_{i,j}$ 表示参数 x_i 和 x_j 交互作用对模型输出 y 的总方差 $V(y)$ 的影响。类似地，$V_{i,j,k} \sim V_{1,2,\cdots,n}$ 反映了多个输入参数间交互作用对模型输出 y 的总方差 $V(y)$ 影响。据此，Sobol 定义 x_i 的主效应指标（一阶敏感性指标）为

$$S_{x_i} = \frac{V_i}{V(y)} \tag{8.2.5}$$

式中，S_{x_i} 表示参数 x_i 独自对模型输出总方差的直接贡献率，其取值范围落在[0, 1]区间，我们可依据 S_{x_i} 的大小对输入参数的重要度进行排序。

定义 x_i, x_j 的二阶敏感性指标为

$$S_{x_i, x_j} = \frac{V_{i,j}}{V(y)} \tag{8.2.6}$$

式中，S_{x_i, x_j} 表示输入参数 x_i, x_j 之间的交互作用对模型输出结果不确定性的影响，其他更高阶的敏感性指标含义以此类推。

输入参数 x_i 对模型输出的总体影响应该包括该输入参数及其与其他参数的交互效应对模型输出的影响。定义 x_i 的全效应指标为

$$S_{x_i}^{\mathrm{T}} = S_{x_i} + \sum_{j \neq i} S_{x_i, x_j} + \sum_{j \neq k \neq i} S_{x_i, x_j, x_k} + \cdots + S_{x_1, x_2, \cdots, x_n} \tag{8.2.7}$$

S_i^{T} 表示输入因子 x_i 对模型输出的总体影响，包括了该输入因子对模型输出的直接影响及与其他输入因子的交互效应。S_i^{T} 的值越大，说明因子的不确定性对模型输出结果不确定性的直接和间接总体影响越大。因此我们可以通过主效应指标与全效应指标的差异来判断输入因子与其他输入因子是否有交互作用。

主效应指标和全效应指标是我们分析模型输入参数（或各组参数）对输出的直接影响及各个参数（或各组参数）的交互效应常用的两种敏感性指标。E-FAST 方法是一种可以同时计算这两种敏感性指标的常用的敏感性试验方法。它具有独立于模型（不要求模型具有线性或单调性特征），并能处理输入参数不同取值范围和不同分布形状对分析结果的影响等优点。E-FAST 方法对于分析输入参数之间存在非线性效应或者参数之间存在交互作用的模型较为适用，但计算量较大。

8.3　技术路线：一般模型的不确定性分析和敏感性分析

不确定性分析含两个方面的内容，一个方面是对模型的输入因子的不确定性分析，另一个方面是对输出因子的不确定性分析。前文已述及，敏感性分析研究如何将模型输出的不确定性来源分摊到模型输入因子的不确定性中去，或者说研究输入因子的不确定性如何影响和决定了输出因子的不确定性。

不确定性分析和与之关联的敏感性分析的一般技术路线如下。

第一步，选定研究目标。

第二步，确定敏感性分析涉及的输入因子。

第三步，确定输入因子的取值范围，选取输入因子的分布函数。可用的方法包括：

（1）参照专业文献的相关研究结论取值；

（2）依据已有的数据进行拟合，获得经验分布函数；

（3）依据专家经验获取分布函数；

（4）选取截断的正态分布函数，截断处理的目的是剔除离散数据；

（5）如果对模型结构具有一些先验的信息，可以对不同的输入因子赋予不同的权重。

（6）在条件具备的情况下，确定输入因子之间的相关关系。

第四步，选择敏感性分析方法。此时需要考虑的因素有：

（1）所研究的问题的性质；

（2）可承受的计算量；

（3）输入因子间是否存在相关关系。

第五步，依据选用的敏感性分析方法生成输入样本。

第六步，将输入样本代入模型，计算输出样本。

第七步，通过分析模型的输出特征，得到模型输出相对于输入因子的敏感性特征，同时分析模型的不确定性特征。

有时需要重复上述几个步骤或部分步骤进行迭代处理。

8.4　技术路线：地震海啸数值模型的不确定性分析和敏感性分析

地震海啸数值模型的不确定性和敏感性分析内容包括：①各类输入因子不确定性特征分析；②输入因子的不确定性如何影响和制约输出因子的不确定性分析；③输出因子的不确定性特征分析。

完成上述研究内容的技术路线分为以下步骤：

第一步，选取近岸特定场点，确定研究区域。

第二步，界定潜在地震海啸源区。

根据界定潜在震源区的原则，界定可能对所选特定场点造成威胁的潜在地震海啸源，对其地震构造背景及地震活动性进行分析（界定原则和方法详见第 2 章）。

第三步，地震海啸数值模型输入因子赋值。

参照 8.3 节一般模型的不确定性分析和敏感性分析中第三步的做法，为地震海啸数值模型的输入因子赋值。

选取进行敏感性分析的地震海啸数值模型输入因子。确定输入参量的取值范围，对其不确定性特征进行分析，条件具备时利用统计分析方法求出其分布函数。依据要进行敏感性分析的输入因子取值范围和分布形式，采用蒙特卡洛方法进行随机采样，得到这些参数的样本。同时为其他取值为确定值的地震海啸数值模型输入因子赋值。

这一步骤工作还包括：准备数值模拟区域的海底水深数据和陆地高程数据，确定数值模拟计算的网格划分和嵌套形式。

第四步，地震海啸数值模拟。

选取、运行海啸数值模式，进行海啸数值模拟计算。

第五步，从模拟结果中提取用于敏感性分析的数据。

通常从模拟结果中提取出特定场点对应于各组输入因子样本的输出参量数据（如可提取特定场点最大海啸波高数据或海啸危险性数据）。

第六步，分析地震海啸数值模型输出因子对输入因子的敏感性。

为完成这一步骤，需依据所要解决的问题，选择敏感性分析方法。利用采样得到的地震海啸数值模型的输入因子样本以及与之对应的特定场点的输出因子数据（如最大海啸波高数据或海啸危险性数据），分析地震海啸数值模型的输出因子对输入因子的敏感性。

第七步，分析地震海啸数值模型输出因子（特定场点最大海啸波高或海啸危险性）的不确定性特征。

第9章 地震海啸危险性概率分析案例

本章简要介绍中国沿海近岸地区海啸危险性分析研究概况，给出两个地震海啸危险性分析的研究案例，一个是潜在地震海啸源参数取值确定时的研究案例，另一个是考虑潜在地震海啸源的部分参数取值存在不确定性时的研究案例。

9.1 中国沿海近岸地区海啸危险性分析研究

Liu 等（2007）开展的南海区域的地震数值模拟研究得出以下结论：因为台湾岛、吕宋岛和苏禄海西北岛屿（菲律宾巴拉望）之间分布的浅山脊形成屏蔽作用，琉球海沟俯冲带和北苏拉威西岛俯冲带产生的海啸对南海区域构不成威胁；由琉球俯冲带产生的海啸，大部分能量传至太平洋；北苏拉威西岛俯冲带产生的海啸，能量绝大部分被限制在西里伯斯海（Celebes Sea）区域；只有马尼拉俯冲带产生的海啸会对南海周边地区构成威胁。基于过去的 100 多年时间内马尼拉海沟区域没有记录到超过 7.6 级的地震的事实，Liu 等（2009）认为这意味着未来有发生更大震级地震的可能，未来发生的大震一旦触发海啸，在我国可能致使大陆东南沿海地区和台湾沿海地区成灾。

Wu 和 Huang（2009）鉴于台湾岛南端距马尼拉海沟北段最近距离仅有约 100km，强调为减轻我国台湾近海地区可能遭遇的海啸灾害，必须对马尼拉海沟俯冲带可能发生的海啸情况进行细致研究。他们根据美国地质调查局发布的马尼拉海沟俯冲带地震断层参数，设定地震震级为 $M_W9.35$，取海沟总长度为 990km，采用 COMCOT 地震海啸模式模拟我国台湾周边的海啸传播、上升及淹没过程。结果表明，我国台湾南部的最大海啸波高达 11m。我国台湾西南海岸将发生严重的洪水，海啸向内陆地区的淹没范围可达 8.5km，由于海啸波的折射效应，我国台湾东北海岸的海啸波也高达 8m。

Megawati 等（2009）利用地震和大地测量等方面数据建立地震断层破裂模型，推测马尼拉海沟俯冲带具备发生 9 级地震的风险。他们的海啸数值模拟结果表明，该带如果发生 9 级地震，触发的海啸将会严重危及菲律宾沿海地区、中国南部沿海地区和越南沿海地区。

陈建涛和叶春明（2010）研究马尼拉海沟俯冲带、琉球群岛俯冲带和苏拉威西俯冲带的地质构造背景，指出位于南海东南边缘的马尼拉海域具有较高的地震海啸危险性，因为南海大陆架北缘深海距离大陆沿岸比较近，且没有大岛屿对海啸波的传播进行阻拦，如果在马尼拉海域发生大地震，可能造成中国南海海岸严重的海啸灾害。

温燕林等（2011）在假设琉球俯冲带发生罕遇的 9 级地震情况下，推断琉球群岛都将遭受灭顶之灾，我国台湾台北部分地区可能遭受最大 10m 上下的海啸，即便有东海浅水大陆架摩擦衰减作用，闽北及浙江沿海大部分地区可能遭受的最大海啸仍超过 2m，上海临海地区最大海啸在 1m 左右，海啸波传到台湾海峡及广东沿海因台湾岛阻挡作用而变得很小。

温燕林等（2011）根据构造相似条件分析，认为琉球海沟俯冲带与已发生过巨大地震的印度尼西亚巽他海沟、智利海沟、日本海沟的俯冲带构造相似，具备发生罕遇的 9 级巨大地震可能。在对全球发生的巨大地震参数对比分析的基础上，他们设定琉球海沟 $M_W 9.0$级地震源区参数为：长度 1000km，宽度 100km，平均滑动量 18m，倾角 30°，震源深度为 20km，设定地震断层错动为逆冲运动，按该构造约束下可产生的最大位错，设置滑动角 90°。采用 COMCOT 模型进行地震海啸数值模拟。结果表明，该地震可引发初始波高为 8m 的海啸，我国台湾东北部半小时后将遭受波高 10m 以上的海啸袭击，3～4h 海啸波传至浙南、闽北沿岸，近岸各处波高在 1～2m 之间；5h 左右传至浙北、粤北沿岸，浙江近岸各处波高在 2m 左右，广东沿海、台湾海峡由于台湾岛的正面阻挡，海啸波高将低于50cm；8h 后海啸波抵达上海海岸线，最大波高约 1m。

温燕林等（2014）基于地震海啸数值模拟计算结果指出，假设日本南海海槽发生罕遇 $M_S 9.1$ 级地震，日本西南沿岸地区将遭受大规模海啸袭击，我国华东沿海尽管有东海浅水大陆架底摩擦效应使海啸波能量衰减，但大部分沿岸地区仍可能遭受严重的海啸灾害，海啸规模达到 1～2 级。

2010 年 2 月 27 日在智利中南部发生了 $M_W 8.8$ 级地震并引发了泛太平洋区域的海啸。海啸波大约 25h 后到达我国近海，我国近海海洋观测系统监测到 5～28cm 的海啸波幅。于福江等（2011a，2011b）通过对数值结果的分析，得出此次海啸对我国沿海的影响主要分布在长江口至福建闽江口、台湾东部以及珠江口区域，其中长江口以南至浙江温州一带以及台湾东部地区最大海啸波幅可达到 80cm。他们假设震级达到 1960 年智利地震的 $M_W 9.5$级，依据模拟计算结果可以推断，我国长江口以南至浙江温州一带以及台湾东部地区最大海啸波幅将达到 220cm 以上，这会造成上述地区严重的海啸灾害。同时，他们对以往研究普遍认为的越洋海啸对我国大陆沿海造成破坏性的可能性很小的观点质疑，强调有必要重视和加强越洋海啸预警预报技术研究、建立健全海啸监测及预警系统、开展海啸灾害风险区划评估工作，以防范未来潜在的海啸风险。

王培涛等（2013）选取环太平洋地震带上的两个地震海啸源——2010 年智利海啸源和 2011 年日本海啸源，进行海啸数值模拟，根据计算结果对瓯江口浅滩地区海啸危险性进行等级划分，得出越洋海啸不易对该地区造成海啸灾害的结论。

不难看出，以上研究都是假设潜在海啸源区发生地震震级（而且多是假设潜在地震海啸源区发生罕遇大地震、巨大地震），或者直接采用地震震级作为输入参量，进行地震海啸的数值模拟，依据模拟得到的最大海啸波高数据，分析海啸对中国沿海地区和近海岛屿沿海地区的影响。此外，概率危险性分析方法，也已被应用到中国沿海近岸地区的地震海啸危险性分析。

Liu 等（2007）利用全球定位系统数据、地震震源机制解和地质演化的研究结果，界定了菲律宾海板块可能发生大地震的危险地带，统计分析历史地震记录数据，得到菲律宾海板块边界区域的 G-R 关系，利用基于 G-R 关系的活动性模型估计地震发生率，采用基于线性浅水方程的核心数值模式，模拟海啸生成与传播的情景，利用海啸传播数值模

拟结果估计特定场点的海啸危险性，推断 21 世纪我国香港和澳门近海区域遭遇高度超过
2.0m 海啸波袭击的概率约为 10%。

9.2　案例研究：潜在地震海啸源参数选取定值

本案例研究依照地震海啸源参数取定值时的技术路线（详见本书 7.4.1 节）。

9.2.1　近岸特定场点的选取

我国东南沿海地区，经济发达，人口众多，若遭受大规模海啸袭击，经济损失将极
为严重，甚至可能造成大量人员伤亡。

选取我国的大陆东南沿海地区 5 个（含海南岛海口近岸场点）和台湾沿海地区 1 个
近岸场点作为特定场点（图 9.1）。将这些场点以其邻近的城市记名。场点所在位置（经
度、纬度）和水深见表 9.1。

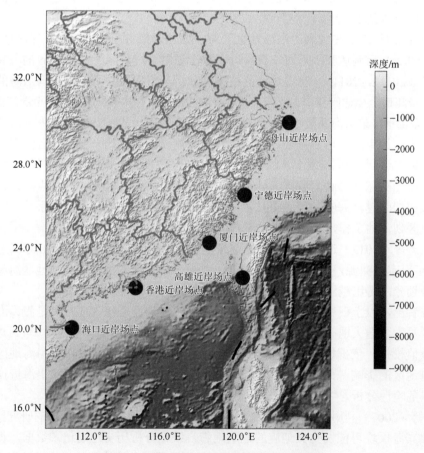

图 9.1　中国沿海地区近岸场点及震中位置图

图中黑色圆点表示场点位置

所选的 6 个近岸场点，地理位置按序号由小到大依次排列分别为舟山近岸场点（场点 1）、宁德近岸场点（场点 2）、厦门近岸场点（场点 3）、香港近岸场点（场点 4）、海口近岸场点（场点 5）、高雄近岸场点（场点 6）（表 9.1，图 9.1）。

表 9.1　特定场点地理位置及水深

场点编号	1	2	3	4	5	6
纬度	30°N	26.6°N	24.3°N	22.1°N	20.1°N	22.6°N
经度	122.7°E	120.3°E	118.4°E	114.4°E	110.9°E	120.2°E
水深/m	−20	−20	−20	−20	−20	−33
地理位置	舟山近岸场点	宁德近岸场点	厦门近岸场点	香港近岸场点	海口近岸场点	高雄近岸场点

9.2.2　潜在地震海啸源的界定

在地理位置上，我国位于亚洲东部、太平洋西北岸。在大地构造位置上，我国毗邻环太平洋地震带的西北段。历史地震海啸灾害记录资料显示，导致重大灾害的地震海啸绝大部分发生在环太平洋地震带。相关研究表明，对中国大陆的东南沿海地区、近海岛屿包括台湾近海地区而言，地震海啸威胁主要来自环太平洋地震带西北段位于南海东部的马尼拉海沟俯冲带和位于东海外缘的琉球海沟俯冲带。也有学者认为，不能排除来自北半球环太平洋区域的其他地震海啸源区的越洋海啸威胁，但从已有的越洋海啸数值模拟结果看，必是发生极为罕遇的巨大地震触发的越洋大海啸才能构成实质性威胁。中国台湾地区，面向太平洋，位于环太平洋地震带上，邻近马尼拉海沟俯冲带和琉球海沟俯冲带，据历史资料记载曾多次遭受海啸侵袭。

2006 年美国地质调查局海啸源研究组研究推断，南海及其邻域存在 3 个风险较高的潜在地震海啸源区，分别为马尼拉海沟俯冲带、琉球海沟俯冲带和苏拉威西俯冲带（图 9.2）。从地震空间分布特征看，$M_W \geq 6$ 的地震沿马尼拉海沟俯冲带和琉球海沟俯冲带呈明显的带状分布（图 9.3）。

综上所述，案例研究的潜在海啸源区选取马尼拉海沟俯冲带和琉球海沟俯冲带。地震统计区范围方面，马尼拉海沟俯冲带取 12°N～22°N，118°E～122°E；琉球海沟俯冲带取 22°N～33°N，120°E～134°E。

9.2.3　潜在地震海啸源参数赋值

参照美国地质调查局 2006 年海啸震源研讨会上列出的断层几何图形，Wang 和 Liu（2006a）沿着马尼拉海沟方位角假设了六个断层面。假设每个断层平面宽 20km，深 10km，位错（滑移）为 3m，滑移角为 90°。这些假设断层平面的参数见表 9.2。Wang 和 Liu（2006b）认为，琉球海沟的危险性比马尼拉海沟小，但与其他地区相比，琉球海沟发生强烈地震的可能性仍然较高。沿着琉球海沟，假设五个断层面。与马尼拉海沟类似，假设每个断层平面宽 20km，深 10km，错位（滑移）3m，滑移角为 90°。这些假设断层平面的参数见表 9.3。

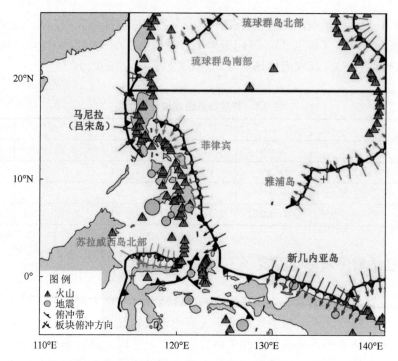

图 9.2 中国南海部分区域及邻近太平洋区域俯冲带

据 Liu 等（2009）文献 Fig.1 改绘

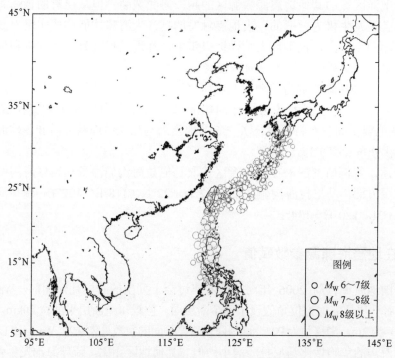

图 9.3 潜在地震海啸源区及其邻域 $M_W \geqslant 6$ 的震中分布图（1900~2010 年）

历史地震记录取自美国地质调查局网站（www.usgs.gov）

表 9.2 马尼拉海沟俯冲带潜在地震海啸源参数

断层段	经度	纬度	长度/km	宽度/km	走向/(°)	倾角/(°)	滑动角/(°)
第一段	120.7°E	20.2°N	150	20	20	10	90
第二段	119.8°E	18.7°N	200	20	34	20	90
第三段	119.3°E	17°N	200	20	359	28	90
第四段	119.2°E	15.1°N	180	20	6	30	90
第五段	119.5°E	13.6°N	150	20	320	22	90
第六段	120.5°E	12.8°N	100	20	293	26	90

资料来源：据 Wang 和 Liu（2006a）文献表 1 改制。

表 9.3 琉球海沟俯冲带潜在地震海啸源参数

断层参数	经度	纬度	长度/km	宽度/km	走向/(°)	倾角/(°)	滑动角/(°)
第一段	121.3°E	22.8°N	150	20	275	10	90
第二段	122.7°E	23.0°N	150	20	259	10	90
第三段	124.1°E	23.4°N	150	20	247	16	90
第四段	125.3°E	24.0°N	140	20	240	16	90
第五段	126.4°E	24.8°N	140	20	233	14	90

资料来源：据 Wang 和 Liu（2006b）文献表 2 改制。

本案例研究，潜在海啸源参数中的震中位置参数选取参考地震空区研究结果或参考历史上发生大地震的位置。马尼拉海沟俯冲带的震中位置取 18.7°N，119.8°E，位于断层带的第二段内。琉球海沟俯冲带的震中位置取 23.4°N，124.1°E，位于断层带的第三段内。自美国地质调查局（USGS）地震目录，检索马尼拉海沟俯冲带、琉球海沟俯冲带 1900～2010 年 $M_W \geqslant 6$ 地震震源深度数据。由震源深度数据发现，马尼拉海沟俯冲带震源深度分布在十几千米至四十几千米之间，15km 深度地震最为多发；琉球海沟俯冲带震源深度分布在十几千米至近四十千米之间，25km 深度地震最为多发。本案例研究马尼拉海沟俯冲带、琉球海沟俯冲带潜在地震海啸源震源深度参数分别取 15km 和 25km。

潜在地震海啸源区的震级取值，利用 6.5 节和 6.6 节案例研究中地震活动性模型，估计强震重现水平和震级上限。

断层走向、倾角沿用 Wang 和 Liu（2006a，2006b）提供的数据，根据震中所在的断层段，马尼拉海沟俯冲带断层走向取 34°，倾角取 20°；琉球海沟俯冲带断层走向取 247°，倾角取 16°。

汇总两个俯冲带的潜在地震海啸源参数取值见表 9.4。

表 9.4 潜在地震海啸源参数取值

俯冲带	经度	纬度	长度/km	宽度/km	走向/(°)	倾角/(°)	滑动角/(°)	震源深度/km
马尼拉海沟	119.8°E	18.7°N	200	20	34	20	90	15
琉球海沟	124.1°E	23.4°N	150	20	247	16	90	25

9.2.4　地震海啸数值模拟

用 COMCOT 海啸数值模型完成地震海啸数值模拟。选用两层网格嵌套，第一层网格范围为 10°N～40°N、105°E～135°E，包围各个特定场点的第二层网格范围，详见表 9.5。水深地形数据取自美国地质调查局（USGS）的 etopo1 数据（图 9.4）。第一层网格，选用球坐标系线性控制方程，网格精度 3′，忽略底摩擦效应；第二层网格选用球坐标系非线性控制方程，网格精度 1′，考虑底摩擦效应，曼宁系数取 0.013。模拟计算时间步长为 5″，模拟时间总长 6h。

表 9.5　海啸数值模拟第二层网格区域范围

网格编号	1	2	3	4	5	6
纬度范围	29°N～31°N	25°N～28°N	23°N～26°N	21°N～23°N	17°N～21°N	21°N～26°N
经度范围	122°E～124°E	119°E～122°E	117°E～119°E	113°E～115°E	109°E～112°E	119°E～123°E

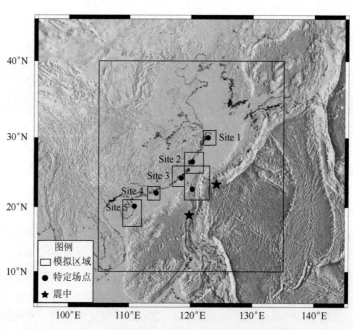

图 9.4　海啸数值模拟区域和网格划分示意图

Site1 表示场点 1，其余类推。图中大矩形表示第一层网格，小矩形表示第二层网格。

9.2.5　近岸场点地震海啸危险性分析

1. 提取近岸场点最大海啸波高

从模拟计算结果提取出各个近岸场点最大海啸波高数据。中国大陆东南沿海近岸区及台湾近岸区的 6 个近岸场点最大海啸波高数据见表 9.6a 和表 9.6b。

表 9.6a　近岸场点的最大海啸波高数据（马尼拉海沟俯冲带地震，震源深度 15km）（单位：m）

震级	场点 1	场点 2	场点 3	场点 4	场点 5	场点 6
6.4	0	0.0002	0.0029	0.0119	0.0126	0.3996
6.5	0	0.0003	0.0099	0.0313	0.0578	0.4259
7.4	0	0.0034	0.0879	0.3228	0.3096	0.5356
7.5	0	0.0048	0.1368	0.3913	0.4090	0.5994
7.6	0	0.0067	0.1559	0.4071	0.4291	0.6121
8.1	0	0.0291	0.3063	0.5911	0.4251	0.9676
8.2	0	0.0430	0.4045	0.8055	0.5065	1.2702
8.5	0	0.1275	0.8043	2.0387	0.6838	2.8109

表 9.6b　近岸场点的最大海啸波高数据（琉球海沟俯冲带地震，震源深度 25km）（单位：m）

震级	场点 1	场点 2	场点 3	场点 4	场点 5	场点 6
7.0	0.0052	0.0066	0.0015	0.0018	0.0003	0.2362
7.1	0.0074	0.0094	0.0023	0.0025	0.0004	0.4083
8.1	0.2814	0.2695	0.1809	0.3690	0.3752	0.4561
8.2	0.4265	0.3647	0.2599	0.4774	0.4266	0.5755
8.3	0.6372	0.4847	0.3093	0.5071	0.4394	0.6422
8.4	0.9186	0.6279	0.3799	0.5749	0.4488	0.6786
8.5	1.1820	0.7856	0.4413	0.5983	0.4502	1.1057

2. 近岸场点的地震海啸危险性分析

1）选取临界海啸波高

国际上多采用渡边伟夫给出的海啸分级标准（表 9.7）。当海啸为 1 级时，造成一定破坏性和一定的经济损失；2 级时有人员伤亡；3 级时就会严重受灾；4 级以上，可能是毁灭性的灾害（叶琳，1994；叶琳等，2005）。为便于讨论，本案例研究选取临界海啸波高为 0.4m。

表 9.7　海啸等级（渡边伟夫）

等级	海啸波高/m	海啸能量/10J	损失程度
−1	<0.5	0.06	微量损失
0	1	0.25	轻微损失
1	2	1	损失房屋船只
2	4～6	4	人员死亡、房屋倒塌
3	10	16	小于 400km 岸段严重受损
4	>30	64	大于 400km 岸段严重受损

2）计算地震海啸平均年发生率

对照分析各近岸场点的最大海啸波高数据，选取出临界震级，依据式（7.4.1），计算出各个近岸场点海啸平均年发生率（表9.8a，表9.8b）

表9.8a 临界震级和年平均地震海啸发生率（马尼拉海沟俯冲带）

场点编号	场点1	场点2	场点3	场点4	场点5	场点6
临界震级	a	a	8.2	7.6	7.5	6.5
年发生率	a	a	7.16×10^{-5}	0.002421	0.003677	0.0735

注：a表示该场点最大海啸波未达临界海啸波高。

表9.8b 临界震级和年平均地震海啸发生率（琉球海沟俯冲带）

场点编号	场点1	场点2	场点3	场点4	场点5	场点6
临界震级	8.2	8.3	a	8.2	8.2	7.1
年发生率	0.032813	0.006015	a	0.032813	0.032813	0.955269

注：a表示该场点最大海啸波未达临界海啸波高。

3）计算地震海啸危险性

依据式（7.4.3），将上述各个近岸场点相对于两个俯冲带潜源区的地震海啸年平均发生率累加，得到各个近岸场点的地震海啸年平均总发生率，代入式（7.4.4），估计出未来一定时段近岸场点地震海啸危险性（表9.9）。

表9.9 近岸场点地震海啸危险性

年数	30	50	100
场点1	0.6263	0.8061	0.9624
场点2	0.1651	0.2597	0.4520
场点3	0.0021	0.0036	0.0071
场点4	0.6524	0.8281	0.9705
场点5	0.6652	0.8386	0.9739
场点6	1	1	1

9.2.6 结论与讨论

从表9.6a和表9.6b不难看出：

（1）对同一地震潜在海啸源，各个场点最大海啸波高差别明显。

例如，马尼拉海沟俯冲带地震震级取 $M_W8.5$，按最大海啸波高由大到小排序，则最大海啸波高在高雄近岸场点6为2.81m，香港近岸场点4为2.04m，厦门近岸场点3为

0.80m，海口近岸场点 5 为 0.68m，宁德近岸场点 2 为 0.13m，舟山近岸场点 1 的海啸波高可忽略。琉球海沟俯冲带地震震级取 $M_W8.5$，按最大海啸波高由大到小排序，则最大海啸波高在舟山近岸场点 1 为 1.18m，高雄近岸场点 6 为 1.11m，宁德近岸场点 2 为 0.79m，香港近岸场点 4 为 0.60m，海口近岸场点 5 为 0.45m，厦门近岸场点 3 为 0.44m。

（2）若以最大海啸波高达 0.4m 以上作为海啸波能影响场点的参照，则不同场点受到影响的地震震级差别明显。

马尼拉海沟俯冲带震级达 6.4 级时高雄近岸场点 6 即受到影响，海口近岸场点 5 相应震级 6.5 级，香港近岸场点 4 为 7.5 级，厦门近岸场点 3 为 8.2 级，震级达 8.5 级时宁德近岸场点 2 和舟山近岸场点 1 所受影响仍可忽略。琉球海沟俯冲带震级达 7.1 级时高雄近岸场点 6 受到影响，震级达 8.2 级时香港近岸场点 4、海口近岸场点 5 和舟山近岸场点 1 受到影响，震级达 8.3 级时宁德近岸场点 2 受到影响，震级达 8.5 级时厦门近岸场点 3 受到影响。

分析表 9.9 中数据可见：

（1）6 个近岸场点的地震海啸危险性从大到小的排序是高雄近岸场点 6、海口近岸场点 5、香港近岸场点 4、舟山近岸场点 1、宁德近岸场点 2、厦门近岸场点 3。

高雄近岸场点 6 海啸危险性最大，其次是海口近岸场点 5，再次是香港近岸场点 4、舟山近岸场点 1。与上述 4 个场点比较，宁德近岸场点 2 海啸危险性较小；厦门近岸场点 3 海啸危险性最小。

（2）场点地震海啸危险性来自马尼拉海沟俯冲带和琉球海沟俯冲带两个潜源区，是二者共同作用的结果。高雄近岸场点、海口近岸场点和香港近岸场点具有高危险性，原因在于这些场点不仅受到马尼拉海沟俯冲带地震海啸的强烈威胁，而且也会受到琉球海沟俯冲带地震海啸的较强影响。舟山近岸场点的地震海啸危险性主要来自琉球海沟俯冲带地震海啸。两方面原因致使厦门近岸场点海啸危险性大为减小，一方面原因是来自马尼拉海沟俯冲带的地震海啸，需要传播经过宽阔的南海北部陆架浅水区域，由于底摩擦的作用，能量将被消减；另一方面原因是来自琉球海沟俯冲带的地震海啸波，由于台湾岛的屏蔽作用，亦不易传播至厦门近海区域。

综合特定场点的地震海啸危险性分析结果可以推断，马尼拉海沟俯冲带发生地震海啸，南海北缘区域将受到严重威胁，尤其以我国台湾近海地区为甚；琉球海沟俯冲带发生地震海啸，既对台湾近海地区和南海北缘区域构成威胁，也对中国东海近海区域构成威胁。

9.3　案例研究：耦合潜在地震海啸源参数不确定性效应

本案例按 7.4.2 节技术路线完成，是耦合潜在地震海啸源参数不确定性效应的地震海啸危险性分析示例，特定场点的选取、潜在地震海啸源的界定、海啸数值模拟方案均与 9.2 节的案例相同。区别在于考虑强震重现水平估计、震源深度和地震断层面滑动角这三个参量的不确定性效应。

9.3.1　潜在海啸源参数不确定性分析及赋值

9.3.1.1　强震重现水平估计、震源深度和地震断层面滑动角不确定性分析

1. 强震重现水平估计和年平均发生率计算

1）马尼拉海沟俯冲带强震重现水平估计

马尼拉海沟俯冲带强震重现水平估计参考 6.6 节的结果。震级阈值取 5.1 级，依据历史地震记录的震级超出量样本广义帕累托分布，得到的形状参数和尺度参数取值分别为 −0.18 和 0.68，其中形状参数估计的标准差 0.04，其置信度 95%的置信区间为[−0.26，−0.10]，震级上限估计值为 9.0 级，以及 10 年、50 年、100 年、200 年的震级重现水平期望值分别为 7.1 级、7.6 级、7.7 级、7.9 级。

2）琉球海沟俯冲带

琉球海沟俯冲带强震重现水平估计参考 6.5 节的结果。采用广义极值模型，获得的形状参数 ξ 的估计值为−0.4163，其对应的置信度为 95%的置信区间为（−0.6508，−0.1738），琉球海沟俯冲带震级上限估计值为 8.5 级，以及 30 年、50 年、100 年震级重现水平分别为 7.8 级、8.0 级、8.1 级。

3）潜在地震海啸源震级分档及年发生率计算

为计算地震海啸平均年发生率，需先求取地震平均年发生率。在计算地震平均年发生率时，我们先将各震级分档（表 9.10）。马尼拉海沟俯冲带的震级上限估计为 9.0，分为四个震级档。琉球海沟俯冲带的震级上限估计为 8.5 级，分为三个震级档。

表 9.10　潜在地震海啸源震级分档

分档编号	1	2	3	4
马尼拉海沟俯冲带	5.5～6.5	6.5～7.5	7.5～8.5	8.5～9.0
琉球海沟俯冲带	5.5～6.5	6.5～7.5	7.5～8.5	a

注：a 表示超出震级上限。

用各震级档中间值对应地震震级平均年发生率表示该震级档的地震平均年发生率。对于马尼拉海沟俯冲带，依据地震活动广义帕累托模型，利用式（6.4.14），估计与地震重现水平相对应的重现周期和年发生率。对于琉球海沟俯冲带，依据地震活动广义极值模型，利用式（6.3.10），估计与地震重现水平相对应的重现周期和年发生率。无论基于地震活动性的广义极值模型，还是基于地震活动性的广义帕累托模型，震级重现水平估计都具有不确定性，理论上这些估计近似服从正态分布。

马尼拉海沟俯冲带和琉球海沟俯冲带的震级重现水平估计、方差、对应重现期计算结果见表 9.11a 和表 9.11b。

表 9.11a　马尼拉海沟俯冲带地震重现期、地震年发生率、重现水平估计方差

重现水平	6.0	7.0	8.0	8.8
重现期/年	1.0550	10.8626	618.4088	1.7×10^7
地震年发生率	0.8558	0.0905	0.0016	5.8824×10^{-8}
重现水平估计方差	0.0017	0.0079	0.0732	0.3887

表 9.11b　琉球海沟俯冲带地震重现期、地震年发生率、重现水平估计方差

重现水平期望	6.0	7.0	8.0
重现期/年	1.000	1.0250	6.0604
地震年发生率	0.0244	0.8106	0.1650
重现水平估计方差	0.5227	0.2023	0.0551

2. 震源深度不确定性分析

检索美国地质调查局（USGS）1900～2010 年 $M_W \geq 6$ 马尼拉海沟俯冲带和琉球海沟俯冲带地震目录，获取震源深度数据，通过统计分析得到震源深度分布频率图。分析震源深度分布曲线的特征发现，马尼拉海沟俯冲带震源深度分布在十几千米至四十几千米之间，深度 15km 和 25km 处地震多发，频率分别为 0.24 和 0.23；琉球海沟俯冲带震源深度分布在十几千米至近四十千米之间，深度 20km 和 25km 处地震多发，频率分别为 0.15 和 0.20（图 9.5，表 9.12）。

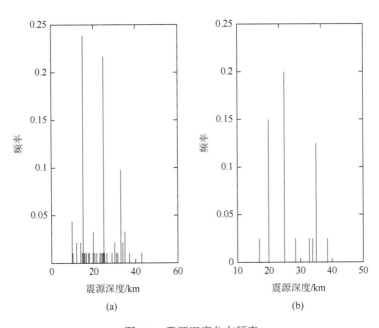

图 9.5　震源深度分布频率

（a）马尼拉海沟俯冲带；（b）琉球海沟俯冲带

表 9.12　地震多发的震源深度

潜在地震海啸源区	马尼拉海沟俯冲带		琉球海沟俯冲带	
震源深度/km	15	25	20	25
频率	0.24	0.23	0.15	0.20

3. 地震断层面滑动角的不确定分析

通过检索哈佛大学全球地震矩张量（CMT）资料中 1900～2016 年马尼拉海沟俯冲带和琉球海沟俯冲带 $M_W \geqslant 5.0$ 的震源机制解，对获得的滑动角数据进行统计，分析马尼拉海沟俯冲带和琉球海沟俯冲带地震断层面滑动角的不确定性。针对统计得到的滑动角分布特征，假设其服从正态分布，通过拟合得到两个俯冲带地震断层滑动角分布的概率密度函数（图 9.6，表 9.13）。

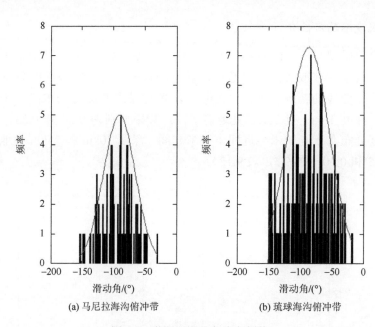

(a) 马尼拉海沟俯冲带　　　　　　　(b) 琉球海沟俯冲带

图 9.6　潜源区滑动角分布频数

表 9.13　滑动角分布概率密度函数

潜在地震海啸源区	马尼拉海沟俯冲带	琉球海沟俯冲带
概率模型	$N(-90.05, 25.33^2)$	$N(-87.03, 31.33^2)$

9.3.1.2　潜在地震海啸源参数赋值

在本案例研究中，潜在海啸源参数中的震中位置参数选取，参考地震空区研究结果或历史地震的位置。马尼拉海沟俯冲带的震中位置取 119.8°E，18.7°N，位于断层带第二段。

琉球海沟俯冲带的震中位置取 124.1°E，23.4°N，位于断层带第三段。断层走向、倾角沿用 Wang 和 Liu（2006a，2006b）提供的数据，根据震中所在的断层段，马尼拉海沟俯冲带断层走向取 34°，倾角取 20°；琉球海沟俯冲带断层走向取 247°，倾角取 16°。

必须指出，对于震级的第一档和第二档，两个俯冲带的地震断层长度和宽度取值，依据日本气象厅给出的经验公式［式（3.3.1）和式（3.3.2）］。但由于震级第三、第四档的震级中间值大于 7.6，超出上述经验公式的适用范围，这时地震断层长度和宽度的取值沿用 Wang 和 Liu（2006a，2006b）的数据。马尼拉海沟俯冲带地震第三、第四档的发震断层长度取断层带第二段整段，长 200km，宽 20km，琉球海沟俯冲带地震第三档发震断层长度取断层带第三段整段，长 150km，宽 20km。

震源深度参数赋值，依据逻辑树方法，假设地震主要发生在两个深度，即逻辑树含两个分支，同时给出逻辑树每一分支的权重分配（表 9.14）。

表 9.14　震源深度逻辑树权重分配

潜在地震海啸源区	马尼拉海沟俯冲带		琉球海沟俯冲带	
震源深度/km	15	25	20	25
逻辑树权重	0.51	0.49	0.43	0.57

为在后面的地震海啸危险性分析中，耦合震级重现水平估计值和地震断层滑动角取值的不确定性效应，依据这两个参数的概率分布函数，采用蒙特卡洛采样方法，获得这两个参数的样本。需要说明的是，其中对震级的采样，是对各震级档分别进行采样，采样依据是重现水平估计值的正态分布函数。在进行蒙特卡洛随机采样时，参考等距抽样方法。等距抽样的基本做法是，将总体中的各单元先按一定的顺序排列、编号，然后决定一个间隔，并在此间隔基础上选择被调查的单位个体，且三者之间有如下关系：样本距离=总体单位数/样本单位数。由于震级均保留一位小数，定义样本距离为 0.1，总体单位数为 1，算得样本单位数应是 10。这意味着，在最理想的情况下，采样区间达到整个震级档，最少需要 10 个样本。本节对各个震级档的采样数量选用 30 个，从理论上满足采样充满整个震级档要求。

表 9.15a 和表 9.15b 列出马尼拉海沟俯冲带震源深度取 15km 和琉球海沟俯冲带震源深度取 20km 时，采用蒙特卡洛方法得到的滑动角和各档震级采样样本。

9.3.2　近岸场点地震海啸危险性分析

1. 计算近岸场点最大海啸波高的正态模型分布参数

在进行各个近岸场点的地震海啸危险性分析时，需要依据式（7.4.9），耦合地震断层面滑动角和震级重现水平估计的不确定性效应，为此，需要先行利用模拟计算得到的各个近岸场点海啸最大波高数据，然后根据式（7.4.7）计算 $\Phi(y > h_{crit} | \bar{h}_{max}, \upsilon_h)$。

表 9.15a　海啸数值模拟的参数样本（马尼拉海沟俯冲带震源深度为 15km 的蒙特卡洛方法采样）

序号	第一档		第二档		第三档	
	震级	滑动角/(°)	震级	滑动角/(°)	震级	滑动角/(°)
1	6.001522246	−76.32442405	7.005360011	−126.3611244	7.51625222	−95.34118281
2	6.002235974	−137.0248337	6.994797522	−130.7731174	8.689223443	−131.7992488
3	5.998060724	−105.0455347	7.000117968	−88.09262793	6.988606383	−57.19232159
4	6.002315129	−132.6846183	7.004121801	−70.56150993	8.293513792	−49.61615124
5	6.000574784	−122.9300924	7.009727633	−51.89428112	8.351826204	−90.63011592
6	5.99779732	−66.52797185	7.013765924	−118.5927205	8.435438121	−90.73246365
7	5.999001575	−77.14223072	7.000937173	−85.65828246	7.46521164	−100.6555523
8	6.000200237	−102.1026507	6.99141649	−91.99538758	7.901305288	−57.58052556
9	6.002928181	−48.33122584	6.991788218	−147.302786	7.749776319	−98.50639328
10	6.003077799	−136.1284696	6.994856733	−100.696928	8.327233261	−120.956567
11	5.998292662	−93.95470771	7.00787954	−115.0134329	7.932842044	−70.46877503
12	6.003212282	−97.6842155	6.994777509	−69.24449205	8.522705734	−97.14239442
13	6.002921817	−71.70698227	7.007060999	−102.5227255	7.646924887	−107.8031011
14	5.999937668	−69.16294785	6.994509432	−88.23680132	7.754471832	−96.21111193
15	6.00143246	−112.5805264	7.011615597	−114.6581914	7.589626159	−123.0302035
16	5.998177799	−90.69995945	6.996955622	−83.50268962	7.573147423	−118.3464384
17	5.999664437	−93.51567217	6.993254619	−106.1145864	8.436530153	−50.22558871
18	6.002340808	−80.54149185	6.994698445	−80.01028131	8.078182263	−46.79926529
19	6.001383977	−76.07974255	7.002331361	−77.54647703	8.04870728	−85.2461463
20	6.002966204	−72.58971448	6.99947066	−73.11222389	7.588631032	−129.4793602
21	6.000681473	−105.1135187	6.996991332	−93.19834465	8.407949346	−108.3685402
22	5.99693528	−78.22424507	7.007563815	−125.0007844	8.120840136	−99.59451776
23	6.001755601	−79.9402631	7.001701494	−108.8504374	7.851224878	−66.74829811
24	6.002560555	−114.969159	7.000987208	−55.56076198	8.012911751	−144.7516131
25	6.00078908	−119.939709	7.010952874	−116.045865	7.903341977	−133.5321263
26	6.001188388	−90.15387137	6.995531903	−66.29645461	7.443095634	−114.3202945
27	6.001110156	−45.78018793	7.005508866	−87.61176771	7.725355347	−80.35029371
28	5.999535017	−100.4710315	7.005421546	−22.58059726	7.549669909	−74.39528724
29	6.000680259	−84.59421133	6.997595951	−125.9540385	7.649947407	−80.44379701
30	5.998385873	−109.2851545	7.001349564	−93.70213695	7.725400831	−93.17389685

表 9.15b　海啸数值模拟的参数样本（琉球海沟俯冲带震源深度为 20km 的蒙特卡洛方法采样）

序号	第一档		第二档		第三档	
	震级	滑动角/(°)	震级	滑动角/(°)	震级	滑动角/(°)
1	6.061734965	−112.5413913	6.723072215	−126.0024634	7.914155243	−104.1862364
2	5.720349267	−103.3472685	6.87139556	−74.63946824	8.026074425	−92.42414754
3	6.343874573	−89.31549234	7.170994262	−87.48755254	7.905054701	−154.6214466
4	5.539107356	−110.1277339	6.617171809	−62.93740115	7.919272443	−19.79565214
5	6.254414176	−55.31384001	7.296836831	−69.22952476	8.002991642	−117.2764627
6	5.528490596	−113.9886067	7.124174563	−46.20555242	7.928347339	−126.0955032
7	5.824440954	−110.6009715	6.994222929	−48.44870378	8.050049088	−97.22721954
8	6.16740567	−116.8364523	7.040080012	−100.4532276	8.049923727	−113.6091586
9	6.404027008	−110.4197562	6.855341787	−70.71343638	8.03251474	−87.83994747
10	5.269506348	−92.10181914	6.979095472	−113.6439043	7.942860712	−99.99579802
11	6.7690136	−102.4671779	7.36165359	−145.7080256	8.02266737	−34.99486677
12	6.396098638	−42.28519247	7.02378947	−66.47885198	8.002569175	−42.93902368
13	5.982691041	−92.53926105	7.010722806	−87.02823807	8.106146211	−137.7668557
14	5.915595609	−115.138076	6.851591463	−88.60743396	8.021081212	−67.08043541
15	5.930067216	−45.99161041	6.99436942	−46.02098824	8.046438424	−106.3129372
16	5.735396369	−22.84800182	7.063959499	−78.28982318	7.993604428	−93.12821352
17	6.01114901	−91.84964618	7.09412672	−77.65112684	7.990617086	−83.26150304
18	6.014114776	−125.2713202	6.946396007	−53.26199039	8.051562983	−37.58586176
19	6.473755117	−107.3733008	6.931491074	−60.04253005	7.923846044	−93.5362383
20	6.430339137	−94.26219351	7.456500757	−80.96722742	7.938754919	−20.56911319
21	6.193412154	−79.50585309	6.640401562	−115.3612112	7.94815868	−103.3285083
22	5.838415087	−106.9728474	7.243007792	−109.1653118	7.984744153	−70.50144259
23	6.461928477	−78.86186094	7.275386224	−49.17756588	8.052875717	−73.5635548
24	6.043057211	−69.58107049	7.167518063	−146.577261	8.047038872	−83.95235186
25	5.79961868	−111.0384081	6.739250703	−87.82315558	7.914549251	−70.77099777
26	6.808327359	−124.2498895	6.87101609	−117.181644	7.985934692	−73.54726857
27	6.60368793	−103.7597575	6.913988367	−23.51682411	8.003714773	−115.9321006
28	6.065889658	−101.7901211	7.094461597	−69.44529907	7.988424147	−122.615473
29	6.163076	−93.02171104	6.778291912	−86.99296209	8.022255342	10.5641489
30	6.114967532	−86.41282806	7.118647311	−89.30249808	8.017989626	−116.7854927

　　利用近岸场点的最大海啸波高数据，依据式（7.4.5）和式（7.4.6），统计出正态分布的 μ、σ 两个参数的值（表 9.16a～表 9.16d），即可得到 $\Phi(y \geq h_{\text{crit}} \mid \overline{h}_{\text{max}}, \sigma_h)$ 的值。

表 9.16a　马尼拉海沟俯冲带最大海啸波高分布的正态模型参数（震源深度 15km）

场点	第一档		第二档		第三档	
	μ	σ	μ	σ	μ	σ
场点 1	○	○	○	○	○	○
场点 2	○	○	0.0016	0.0001	0.0372	0.0527
场点 3	0.0040	0.0021	0.0320	0.0135	0.3192	0.2283
场点 4	0.0114	0.0056	0.1324	0.0537	0.7157	0.5903
场点 5	0.0189	0.0124	0.1537	0.0455	0.4592	0.1151
场点 6	0.3685	0.0123	0.3710	0.0136	0.7357	0.5984

注：○表示海啸波高小于临界海啸波高，未计算正态分布参数值。

表 9.16b　马尼拉海沟俯冲带最大海啸波高分布的正态模型参数（震源深度 25km）

震级档	第一档		第二档		第三档	
	μ	σ	μ	σ	μ	σ
场点 1	○	○	○	○	○	○
场点 2	○	○	0.0017	0.0001	0.0421	0.0588
场点 3	0.0016	0.0001	0.0195	0.0084	0.3183	0.2719
场点 4	0.0050	0.0007	0.0841	0.0355	0.7346	0.6356
场点 5	0.0064	0.0019	0.1093	0.0358	0.4386	0.1153
场点 6	0.3675	0.0029	0.3668	0.0138	0.6043	0.4475

注：○表示海啸波高小于临界海啸波高，未计算正态分布参数值。

表 9.16c　琉球海沟俯冲带最大海啸波高分布的正态模型参数（震源深度 20km）

震级档	第一档		第二档		第三档	
	μ	σ	μ	σ	μ	σ
场点 1	○	○	0.0069	0.0051	0.1666	0.0463
场点 2	○	○	0.0119	0.0080	0.1652	0.0422
场点 3	○	○	0.0031	0.0041	0.1244	0.0414
场点 4	○	○	0.0055	0.0056	0.2528	0.1415
场点 5	○	○	0.0029	0.0105	0.2666	0.1538
场点 6	0.0017	0.0022	0.1740	0.1694	0.4021	0.0684

注：○表示海啸波高小于临界海啸波高，未计算正态分布参数值。

表 9.16d　琉球海沟俯冲带最大海啸波高分布的正态模型参数（震源深度 25km）

震级档	第一档		第二档		第三档	
	μ	σ	μ	σ	μ	σ
场点 1	○	○	0.0079	0.0059	0.1928	0.0563
场点 2	○	○	0.0117	0.0081	0.1713	0.0406
场点 3	○	○	0.0033	0.0044	0.1291	0.0397
场点 4	○	○	0.0055	0.0058	0.2583	0.1435
场点 5	○	○	0.0032	0.0121	0.2732	0.1544
场点 6	0.0013	0.0017	0.1690	0.1716	0.3934	0.0636

注：○表示海啸波高小于临界海啸波高，未计算正态分布参数值。

2. 计算临界海啸波高超越概率

依据 $\Phi(y \geqslant h_{\text{crit}} \mid \overline{h}_{\text{max}}, \sigma_h)$ 计算式（7.4.7），得出 6 个近岸场点临界海啸波高的超越概率（表 9.17a～表 9.17d）。

表 9.17a　临界海啸波高超越概率（马尼拉海沟俯冲带，震源深度 15km）

震级档	第一档	第二档	第三档
场点 1	0	0	0
场点 2	0	0	0
场点 3	0	0	0.3618
场点 4	0	0	0.7036
场点 5	0	0	0.6966
场点 6	0.0051	0.0164	0.7126

表 9.17b　临界海啸波高超越概率（马尼拉海沟俯冲带，震源深度 25km）

场点	第一档	第二档	第三档
场点 1	0	0	0
场点 2	0	0	0
场点 3	0	0	0.3818
场点 4	0	0	0.7007
场点 5	0	0	0.6311
场点 6	0.0054	0.0079	0.6760

表 9.17c　临界海啸波高超越概率（琉球海沟俯冲带，震源深度 20km）

场点	第一档	第二档	第三档
场点 1	0	0	0
场点 2	0	0	0

续表

场点	第一档	第二档	第三档
场点 3	0	0	0
场点 4	0	0	0.1490
场点 5	0	0	0.1930
场点 6	0	0.0910	0.5124

表 9.17d　临界海啸波高超越概率（琉球海沟俯冲带，震源深度 25km）

场点	第一档	第二档	第三档
场点 1	0	0	0
场点 2	0	0	0
场点 3	0	0	0
场点 4	0	0	0.1617
场点 5	0	0	0.2058
场点 6	0	0.0891	0.4587

3. 计算地震海啸平均年发生率

基于临界海啸波高超越概率和各震级档中间值的地震平均年发生率，依据式（7.4.9）计算出近岸场点源于各个深度潜在地震海啸源地震的海啸平均年发生率（表 9.18a～表 9.18d）。

表 9.18a　近岸场点的地震海啸平均年发生率（马尼拉海沟俯冲带，震源深度 15km）

场点	第一档	第二档	第三档	平均年发生率
场点 1	0	0	0	0
场点 2	0	0	0	0
场点 3	0	0	5.789×10^{-4}	5.789×10^{-4}
场点 4	0	0	0.0011	0.0011
场点 5	0	0	0.0011	0.0011
场点 6	0.0044	0.0015	0.0011	0.0070

表 9.18b　近岸场点的地震海啸平均年发生率（马尼拉海沟俯冲带，震源深度 25km）

场点	第一档	第二档	第三档	平均年发生率
场点 1	0	0	0	0
场点 2	0	0	0	0
场点 3	0	0	6.109×10^{-4}	6.109×10^{-4}
场点 4	0	0	0.0011	0.0011

续表

场点	第一档	第二档	第三档	平均年发生率
场点 5	0	0	0.0010	0.0010
场点 6	0.0046	0.0007	0.0011	0.0064

表 9.18c　近岸场点的地震海啸平均年发生率（琉球海沟俯冲带，震源深度 20km）

场点	第一档	第二档	第三档	平均年发生率
场点 1	0	0	0	0
场点 2	0	0	0	0
场点 3	0	0	0	0
场点 4	0	0	0.0246	0.0246
场点 5	0	0	0.0318	0.0318
场点 6	0	0.0738	0.0845	0.1583

表 9.18d　近岸场点的地震海啸平均年发生率（琉球海沟俯冲带，震源深度 25km）

场点	第一档	第二档	第三档	平均年发生率
场点 1	0	0	0	0
场点 2	0	0	0	0
场点 3	0	0	0	0
场点 4	0	0	0.0267	0.0267
场点 5	0	0	0.0340	0.0340
场点 6	0	0.0722	0.0757	0.1479

4. 计算地震海啸总发生率

得到近岸场点源于各个深度的潜在地震海啸源的海啸平均年发生率后，将其分别乘以震源深度逻辑树分支的权重，再将各项相加，即得到各个近岸场点的地震海啸年平均总发生率（表 9.19）。

表 9.19　近岸场点的地震海啸年平均发生率

场点	年平均发生率
场点 1	0
场点 2	0
场点 3	5.95×10^{-4}
场点 4	0.0266
场点 5	0.0341
场点 6	0.1591

5. 计算地震海啸危险性

将上述各个近岸场点的地震海啸的平均年发生率代入式（7.4.4），估计未来一定时段近岸场点地震海啸危险性（表9.20）。

表 9.20　近岸场点的地震海啸危险性

场点	未来 30 年	未来 50 年	未来 100 年
场点 1	0	0	0
场点 2	0	0	0
场点 3	0.0177	0.0293	0.0577
场点 4	0.5502	0.7359	0.9303
场点 5	0.6405	0.8183	0.9670
场点 6	0.9915	0.9996	1

9.3.3　结论与讨论

对比分析本节各个近岸场点的地震海啸危险性分析结果（取最大海啸波高的临界高度为 0.4m，则地震海啸危险性代表了海啸最大波高超过 0.4m 的概率）（表9.20），容易看出：

（1）未来 30 年、50 年和 100 年，位于舟山近岸场点 1 和位于宁德近岸场点 2 的海啸危险性可以忽略，在地理位置上位于上述两个场点之南的其余 4 个场点，则都具有受海啸袭击的危险性。

（2）随着未来年限的加长，各个近岸场点的地震海啸危险性递增。例如，未来 30 年、50 年和 100 年，位于厦门近岸场点 3 的地震海啸危险性依次为 0.0177、0.0293、0.0577；位于海口近岸场点的地震海啸危险性依次为 0.6405、0.8183、0.9670。

（3）从位于厦门近岸场点 3，依次至香港近岸场点 4、海口近岸场点 5 和高雄近岸场点 6，地震海啸危险性递增。例如，未来 30 年，分别为 0.0177、0.5502、0.6405 和 0.9915；未来 50 年，分别为 0.0293、0.7359、0.8183 和 0.9996；未来 100 年，分别为 0.0577、0.9303、0.9670 和 1。

上面出现的情形，可以从各个近岸场点与马尼拉海沟俯冲带和琉球海沟俯冲带两个潜在地震海啸源区的相对位置关系，以及从各个近岸场点所处的地理位置加以粗略解释。

位于舟山近岸场点 1 和位于宁德近岸场点 2 所受地震海啸危险小，原因在于两个场点东面的东海区域具有宽阔的大陆架，水深浅，来自琉球海沟俯冲带的地震海啸波，穿过较深的冲绳海槽进入东海大陆架区域，通过逐渐加强的海底摩擦作用，将消减海啸波的能量。来自相距遥远的马尼拉海沟俯冲带的地震海啸波，无论是经过南海大陆架过台湾海峡的路径，还是经过台湾岛东侧太平洋区域，传播至舟山近岸场点 1 和位于宁德近岸场点 2，能量都已衰减。

由地震海啸平均年发生率的计算结果（表 9.18a～表 9.18d）容易看出，厦门近岸场点（场点 3）的地震海啸危险来自马尼拉海沟俯冲带，而香港近岸场点（场点 4）、海口近岸场点（场点 5）、高雄近岸（场点 6）的地震海啸危险既来自马尼拉海沟俯冲带，也来自琉球海沟俯冲带。

在所选的 6 个近岸场点中，高雄近岸场点的地震海啸危险最高，这是因为该场点距离马尼拉海沟俯冲带和琉球海沟俯冲带这两个潜在地震海啸源区距离，比其他几个场点近得多。此外，来自两个潜在地震海啸源区的海啸波，经过南海和太平洋深水区域传播到高雄近岸场点，沿途海啸波能量消减少。

同时，将 9.3 节与 9.2 节的地震海啸危险性估计结果进行比较发现：

除场点 3 外，其余 5 个场点的确定性潜源参数的地震海啸危险性估计结果要高于耦合潜源参数的地震海啸危险性估计结果。其原因首先在于当震级和其他潜在海啸源参数一定的情况下，发震为逆冲断层时产生最大的初始海啸波；其次，潜源参数，尤其是衡量地震震级参数，在不考虑其估计的不确定性情况下，对应的临界波高超越概率为 1，这就增大了特定场点的地震海啸风险。场点 3 的确定性潜源参数地震海啸危险性估计结果小于耦合潜源参数不确定性的地震海啸危险性估计结果，原因是场点 3 主要受马尼拉海沟俯冲带潜在地震海啸源区贡献的地震海啸风险。确定性潜源参数中选取的临界震级为 8.2 级，其地震年平均发生率要远小于震级第三档中间值 8.0 级的地震平均年发生率。这导致在耦合震源深度和滑动角的不确定性效应后，场点 1、场点 2 和场点 3 的地震海啸危险性估计结果降低。

在确定性潜源参数的地震海啸危险性估计结果中，场点 1 和场点 2 在未来一段时间均存在地震海啸波高超过 0.4m 的风险，而耦合潜源参数不确定性的估计结果均为 0。经对比震级第三档潜源参数的采样样本发现，震级第三档中间值估计的不确定性特征为"瘦高型"正态分布，由于受限于采样样本数量，未采到超过场点 1 和场点 2 的临界震级值。故此，在耦合潜源参数不确定性效应的地震海啸危险性估计中，场点 1 和场点 2 的地震海啸危险性估计结果减小。

第10章　不确定性分析：局域敏感性分析案例

Edison 等（2007）进行了地震引发的远场海啸对不同地震海啸源参数（震中位置、滑动角、倾角、走向角、断层面尺寸、地震位错和震源深度）的敏感性分析。这些研究采用的方法，属于不确定性分析中的局域敏感性分析方法。

本章将其研究成果作为采用局域敏感性分析方法进行地震海啸数值模型不确定性分析的典型案例，予以介绍和讨论。

10.1　研究内容与方法

Edison 等（2007）依据 Mansinha 和 Smylie（1971）位错模型，计算地震触发生成海啸波的初始高度，采用 COMCOT 模型，模拟发生在太平洋区域的日本海沟区域、阿留申海沟区域和智利海沟区域的地震触发越洋海啸的情景，考察地震海啸源参数逐个变化时对夏威夷近岸水域场点海啸波高的影响。

需要提及的是，1946 年的阿留申海啸和 1960 年的智利海啸是两个典型的越洋海啸实例。不仅在邻近海啸源的近岸区域，这两个海啸在距离海啸源数千英里的夏威夷群岛近岸区域也造成了严重的财产损失和人员伤亡。

Edison 等（2007）认为，海啸波高预报的最重要的不确定性与地震触发产生的初始海面高程分布密切相关，只要输入所需的地震断层参数已知，而且足够精确，位错理论本身已经被证明是可以满足预测原始海啸波高要求的。现实中不确定性的主要来源在于，对大多数地震而言，地震发生后，震中位置和震级能比较准确、快速地测量得到，但其他断层面参数很难迅速确定，仍然处于未知状态（Synolakis et al.，1997），通常需要使用经验公式来近似估计断层面参数的值。

因为断层平面参数是地震海啸数值模型的输入参数，所以通过分析海啸波高预测值对断层平面参数的敏感性，对了解这些参数的不确定性如何影响、制约海啸波高预测值具有重要意义。

Edison 等（2007）完成初始海面位移计算以后，依据浅水波方程的数值模型模拟计算海啸波在大洋深水区的传播及其在近岸区爬高过程。

浅水波方程在笛卡儿坐标系中的形式为

$$\frac{\partial \zeta}{\partial t} + \frac{\partial P}{\partial x} + \frac{\partial Q}{\partial y} = 0 \tag{10.1.1}$$

$$\frac{\partial P}{\partial t} + \frac{\partial}{\partial x}\left(\frac{P^2}{H}\right) + \frac{\partial}{\partial y}\left(\frac{PQ}{H}\right) + gH\frac{\partial \zeta}{\partial x} + \tau_x H - f\left(\frac{Q}{H}\right) = 0 \tag{10.1.2}$$

$$\frac{\partial Q}{\partial t} + \frac{\partial}{\partial x}\left(\frac{PQ}{H}\right) + \frac{\partial}{\partial y}\left(\frac{Q^2}{H}\right) + gH\frac{\partial \zeta}{\partial y} + \tau_y H + f\left(\frac{P}{H}\right) = 0 \tag{10.1.3}$$

式中，ζ 为相对于平静海平面的波高；P 和 Q 为深度上平均的水平通量；H 为水深；τ_x 和 τ_y 为曼宁公式中的底摩擦系数；f 为科里奥利系数。采用 COMCOT 模型进行地震海啸模拟，在宽阔的大洋区域和近海深水区域，控制方程选用线性非频散的浅水方程，取球坐标差分形式；在近岸浅水区域，因为非线性效应和频散效应都可能成为不可忽视的重要因素，控制方程选用非线性频散的布西内斯克（Boussinesq）方程，取笛卡儿直角坐标差分形式（Liu et al.，1994，1995，1998）。

如前所述，一些断层面参数不能直接根据地震监测初始数据确定（Synolakis et al.，1997）。因此，地震位错的计算根据已知的地震矩震级 M_W 换算，依据经验公式（Synolakis et al.，1997；Johnson，1998）：

$$M_W = (2/3)\lg M_0 - 6.03 \tag{10.1.4}$$
$$M_0 = \mu DLW \tag{10.1.5}$$

式中，M_0 为地震矩；μ 为地球介质的剪切模量（或刚度系数 N/m^2）；D 为平均位错（m）；L 为断层面长度（m）；W 为断层面宽度（m）。因为地球介质刚度系数随着构造部位的不同而变化，通常取值在 $1.0 \times 10^{10} \sim 6.0 \times 10^{10}\,\mathrm{N/m^2}$ 之间，具体取值取决于介质所在位置的地质特征，如断层是位于沉积层还是位于坚硬的岩石内。对于特定的位置，地质工作者一般估计适用的刚度系数值。Edison 等（2007）所选研究区域位于环太平洋俯冲带，刚度系数取值为 $4.0 \times 10^{10}\,\mathrm{N/m^2}$。

10.2　模　型　验　证

应用 COMCOT 模型模拟太平洋海盆的越洋海啸时，为了提高计算效率，模型采用了多层网格系统，开阔海域选用粗网格，近岸区域和陆地选用分辨率更高的细网格，以适用于预测海啸波高。

在该项研究开展之前，太平洋海域发生过两次大海啸，即 1946 年发生的阿留申地震海啸和 1960 年发生的智利地震海啸。Edison 等（2007）认为，1946 年阿留申地震海啸资料不适合用于验证模型，原因是 1946 年地震的震源机制仍在争论中。1946 年阿留申地震最初测量的震级约为 7.3 级，不足以产生导致夏威夷希洛湾 159 人死亡的巨大跨太平洋海啸。许多研究者模拟该次地震海啸过程，显著地提高了地震震级，如设定为 8.6 级（Johnson，1998）。然而，后来出现新的看法，认为 1946 年的海啸是由地震和地震引发的滑坡共同触发生成（Fryer et al.，2004）。不过，美国斯克里普斯研究所（The Scripps Institute）在地震海啸发生后的一次现场海底调查，未能发现过去的滑坡证据，当然这也并不意味着滑坡一定未曾发生。总之，1946 年阿留申地震海啸震源机制仍然是一个悬而未决的问题。1960 年的智利地震海啸地震断层参数已被深入了解和广泛接受，因此研究中用此次地震验证 COMCOT 模型。此前，Liu 等（1994）利用 COMCOT 模型模拟计算了 1960 年智利地震海啸传播至夏威夷希洛湾的情景。Edison 等（2007）再次使用 COMCOT 模型重新模拟 1960 年智利海啸，但利用了新的水深测量数据，将模拟海啸波高与夏威夷瓦胡岛檀香山港（Honolulu Harbor on Oahu）的不同位置场点数据进行比较，进一步验证模型。

　　值得注意的是，即使对 1960 年智利地震的机制有深入的了解，仍不能排除地震断层参数值的不确定性。例如，Kanamori 和 Cipar（1974）估计震源深度可能在 16～53km 的范围，如果估计的断层宽度为 200km，则相应的估计震源深度约为 50km。美国 NOAA/NGDC 给出的震源深度是 60km。此次模拟计算中震源深度取值为 53km，同时也选取了其他地震海啸源参数值（表 10.1）。

表 10.1　1960 年智利地震海啸的断层面参数（Kanamori and Cipar，1974）

地震参数	震中位置	走向角/(°)	倾角/(°)	滑动角/(°)	滑动位移/m	震源深度/km	断层长度/km	断层宽度/km
参数值	74.5°W，39.5°S	10	10	90	24	53	800	200

10.3　场　点　选　择

　　选择火奴鲁鲁港和希洛湾以及夏威夷其他近岸地区 12 个场点（图 10.1），图中黑点表示模拟计算海啸波高的地点。

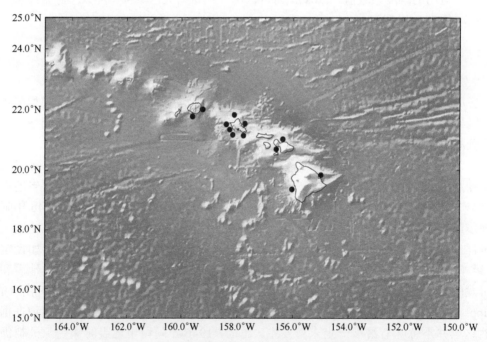

图 10.1　夏威夷火奴鲁鲁港和希洛湾以及其他 12 个模拟海啸海浪高度的
近海地点（黑点）示意图

10.4　地震海啸数值模拟计算

　　研究目的是要检验一个震源参数变化而震级和其他参数不变时对海啸模拟计算结果

的影响。选择起源于日本海沟、阿留申海沟和智利海沟的三个不同区域的地震海啸场景作为研究案例。三种场景的震源参数取值如表 10.2 所示。

表 10.2　三种参考地震情景的断层面参数

地震参数	日本海沟	阿留申海沟	智利海沟
震中位置	143.84°E, 37.71°N	163.19°W, 53.32°N	74.5°W, 39.5°S
走向角/(°)	200	250	10
倾角/(°)	10	10	10
滑动角/(°)	90	90	90
滑动位移/m	24	24	24
震源深度/km	53	53	53
断层面长度/km	800	800	800
断层面宽度/km	200	200	200

采用双层网格系统（图 10.2），图中虚线显示第一层网格，实线显示夏威夷群岛周围的第二层网格，小矩形表示位于三个海沟区域的地震断层面，五星表示震中位置。

模拟计算的第一层网格覆盖开阔的太平洋的大区域，经度由 165°W～65°W，纬度由 45°S～30°N，包括震中位置和夏威夷群岛。用于这一层网格的水深数据基于美国国家海洋和大气管理局（NOAA）的 ETOPO5 数据集，网格大小为 5min，长和宽大致 9km。第二层网格是一个较小的矩形域，包含范围 162°W～152°W，15°N～25°N，覆盖夏威夷所有主要岛屿，水深测量数据来自夏威夷大学马诺阿分校的数据档案。第二层网格所使用的水深数据精度高于第一层网格。第二层网格离散大小 30s，长和宽大致 1km，随纬度略有变化。这些空间网格可能初看起来很大，然而，由于海啸波长很大，这样的网格大小选取，能适合海啸在大洋中的传播模拟和近海的海啸波高预测。例如，如果海啸的波长是 500km，一个 9km 大小的网格将确保每个波长超过 50 个格点，足以模拟海啸波的传播。模拟计算进行了收敛性测试，使用 4.5km、9.0km 和 18km 的不同网格，得到几乎相同的模拟结果。时间步长第 1 层为 1.0s，第 2 层为 0.5s，符合科朗特-弗里德里希斯-利维（Courant-Friedrichs-Levy）稳定性判据。

首先利用起源于智利海沟的地震海啸场景验证 COMCOT 模型的适用性。1960 年智利地震海啸从智利地震的位置传播至夏威夷海岸的总时间大约 14h。

火奴鲁鲁港附近的海啸模拟结果与记录结果的比较如图 10.3 所示。取与验潮站位置最接近的网格点的模拟波高值与实测值比较（157.8667°W，21.275°N）。结果显示，虽然模拟计算的第一列波的波长与实测记录的波长存在差异，但波列的全体振幅和包络线与实测记录的数据比较吻合。考虑到地震海啸物理机制的复杂性，可以认为模拟波高与实测波高的一致性为比较好。

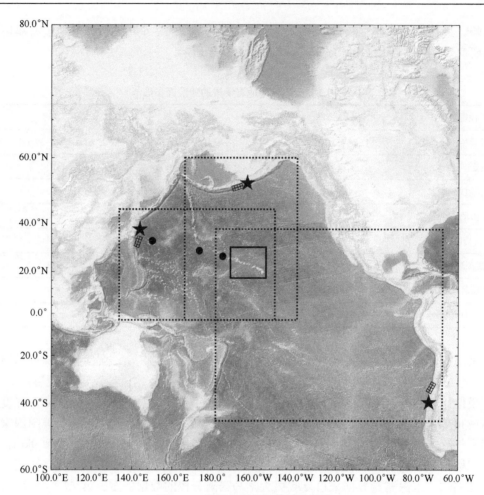

图 10.2　模拟使用的双层网格系统

虚线表示第一层，实线表示环绕夏威夷群岛的第二层。小矩形网格表示日本海沟、阿留申海沟和智利海沟的三个断裂面区域，
五星表示震中位置，三个黑圆点表示记录模拟海啸波高选择的场点

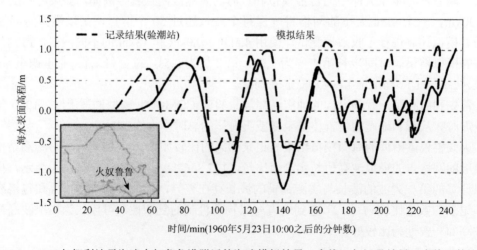

图 10.3　1960 年智利地震海啸火奴鲁鲁港附近的海啸模拟结果（实线）与记录结果（虚线）的比较

10.5　敏感性分析

10.5.1　敏感性分析方法

通常在地震发生后 30min 以内，太平洋海啸预警中心能够确定以下震源参数：震中位置（精度±50km），震级（精度±0.2），震源深度（精度±15km）。这些都是估计的结果，对于特定地震，这些参数的不确定性可能要大得多。这里的震源指的是地震断层的最初破裂位置。震源深度和地震断层破裂面积的确定要困难得多，通常地震后难以立即知道破裂面积的大小和长宽尺寸等。最终确定的震源位置可能偏离最初确定的震源位置数百千米。类似地，其他参数如位错、倾角和滑动角也很难从地震记录中直接得知，有些参数可以根据余震信息进行分析，有些则需要通过经验公式进行近似估计。Synolakis 等（1997）曾指出，地震发生后短时间内所估计的震源参数值，除了断层的长度和宽度，其他参数的误差达 25%～50%，而位错大小及其滑动方向的误差可高达 75%～90%。经过地震发生后的较长时间的分析研究，这些震源参数值的估计误差会有一定程度降低。Sato（1989）曾依据太平洋历史地震记录，统计出地震震级与地震断层尺度（长和宽）之间的经验关系，后来他的结果为日本研究人员估算地震断层参数用于海啸预测提供了帮助。

利用式（10.1.4）和式（10.1.5），计算出地震的矩震级为 9.3。依据过去 200 年的历史地震记录，这个是太平洋区域发生过的最大地震震级（Whiteside et al.，2000），选择这一最大震级，实际上是想通过模拟计算，重演极端情况下的地震海啸场景，得到夏威夷 14 个近岸场点的海啸波高。

所选的三次地震的位置如图 10.2 所示。表 10.2 中智利地震参数是 1960 年智利实际发生地震的参数，阿留申地震震中位置与 1946 年阿留申地震相同。

在所有的模拟计算中，按 10.4 节所描述，选取两层网格系统和时间步长。第一层网格（虚线，图 10.2）覆盖了太平洋的一个广大区域，包括震源位置和夏威夷群岛，而第二层网格（实线，图 10.2）仅涵盖夏威夷群岛。

为分别研究这些断层面参数变化如何影响远场海啸波高预测值，一次只考察一个参数，即当考察一个特定参数的影响时，改变它的取值，但同时保持其他参数取值不变，同时地震震级大小也保持不变。这可以帮助检验远场波高是否仅取决于地震震级，抑或对其他参数也很敏感。模拟计算海啸波高的取值位置（图 10.2），位于希罗湾近海海域，坐标为（155.0417°W，19.7917°N），水深 126.4m。

10.5.2　敏感性分析结果

1. 震中位置变化的效应

模拟计算时，假设相对于所选地震海啸每一个场景的震中位置（表 10.2）偏离最大达 200km。将原始参考地震所产生的波高与模拟计算中不同震中位置的波高相比较。

图 10.4 给出阿留申海沟、日本海沟和智利海沟地震震中的变化对希洛湾海啸波高的影响。图例表示模拟计算的震中位置相对于原来的震中位置南北或东西向移动的千米数。由图 10.4 可见，在所有这三个地区——日本海沟、阿留申海沟和智利海沟的地震震中位置变化 200km，一般不至于明显改变希洛湾和夏威夷的海啸波高。

对比夏威夷近岸区域 14 个点位的海啸波高，分析每一点位的海啸首波波高随震中位置变化而变化情况，求取震中位置变化后的 14 个点位的模拟计算波高相对于原始参考地震触发海啸波高变化的平均值，结果显示，对于发生在阿留申海沟、日本海沟和智利海沟的地震触发的海啸，震中位置偏离 200km，夏威夷区域 14 个点位海啸波高平均变化分别为 24%，25% 和 15%。10.5.1 节提到，震中定位通常可以准确到 ±50km，但在数值模拟中，为分析海啸波高的变化，假设震中位置变化分别为 ±50km、±100km、±150km 和 ±200km。之所以取变化范围大于 ±50km，其原因是，对于任何特定的地震事件，都有可能存在震中定位的偏差比平时估计得大。

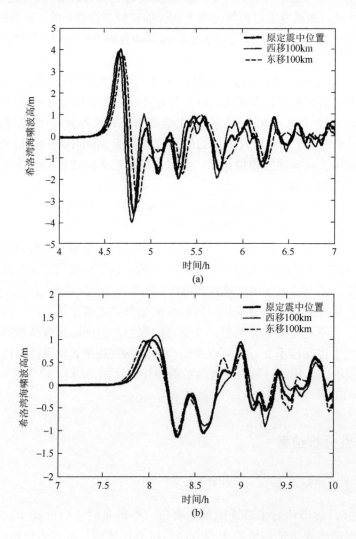

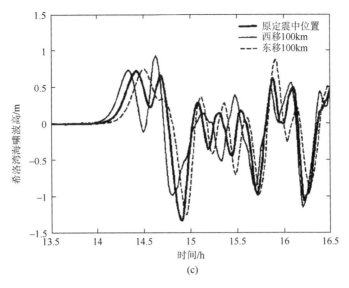

(c)

图 10.4　阿留申海沟（a）、日本海沟（b）和智利海沟（c）地震震中的变化对希洛湾海啸波高的影响

2. 滑动角的效应

仍然假定地震海啸源位置位于环太平洋区域的日本海沟、阿留申海沟、智利海沟，考察滑动角从 30° 变化到 135° 时场点海啸波高对滑动角的敏感性，模拟结果如图 10.5 所示。滑动角等于 90°，其他参数不变的情形下，地震触发的海啸波高最大。这符合地震断层错动机制，也就是说，90° 的滑动角会使断层面产生最大的垂直位移，从而产生更大的波。以滑动角取 90° 为参照，分别研究了滑动角取 30°、70°、110° 和 135° 情形。对夏威夷的 14 个离岸地点海啸波首波波高取平均值，分析滑动角变化引起的首波波高相对变化。表 10.3 给出了滑动角取不同值时的结果，由表中数据不难看出，若滑动角与 90° 偏离小于 45°，远场波高变化不显著，然而，如果偏离角度达 60°，如从 90°

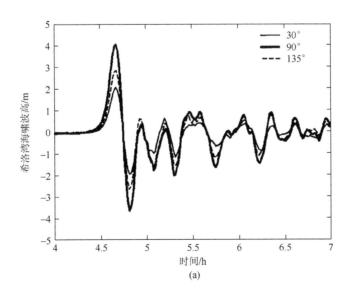

(a)

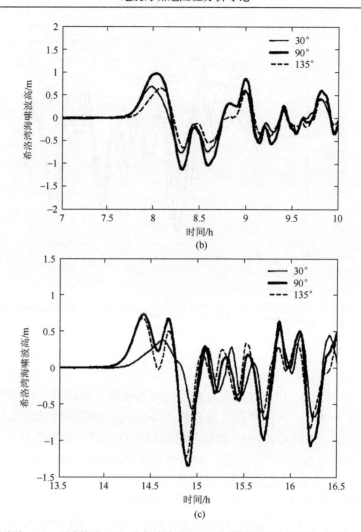

图 10.5 阿留申海沟（a）、日本海沟（b）和智利海沟（c）地震断层滑动角变化对希洛湾海啸波高的影响

偏离到 30°，远场的平均相对海啸波高变化接近或大于 50%。如图 10.5 中显示的，假设地震发生在阿留申海沟的情形。应该说明，即便在地震发生后滑动角难以快速准确地确定，但确定误差通常小于 45°。典型的滑动角取值在 70°～110° 范围内，滑动角在这个范围内的变化对远场海啸波高的影响很小。

表 10.3 滑动角变化引起的平均相对海啸波高变化

震源位置	滑动角/(°)	平均相对海啸波高变化*/%
阿留申海沟	30	54
	70	8
	110	4
	135	26
日本海沟	30	33
	70	1

续表

震源位置	滑动角/(°)	平均相对海啸波高变化*/%
日本海沟	110	12
	135	41
智利海沟	30	49
	70	9
	110	4
	135	20

*相对于滑动角 90°的参考情景的波高。

3. 倾角的效应

因为地震断层倾角是永久性特征，根据余震信息能较准确地确定（Geist，1999）。倾角取值从 10°～90°的模拟结果见表 10.4 和图 10.6。由表 10.4 和图 10.6 可见，对于三个潜源区，当假定地震断层倾角由 10°变化到 20°，相对海啸波高变化都不大。然而，当假定地震断层倾角变化到 90°，尤其是对发生在离夏威夷比较近的阿留申海沟和日本海沟的地震而言，平均相对海啸波高变化显著。

表 10.4 地震断层倾角变化引起的平均相对海啸波高变化

震中位置	倾角/(°)	平均相对海啸波高变化*/%
阿留申海沟	20	19
	90	64
日本海沟	20	21
	90	56
智利海沟	20	23
	90	26

*相对于倾角为 10°的参考情景的波高。

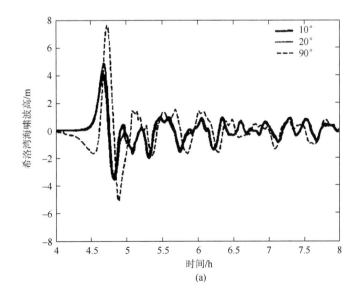

(a)

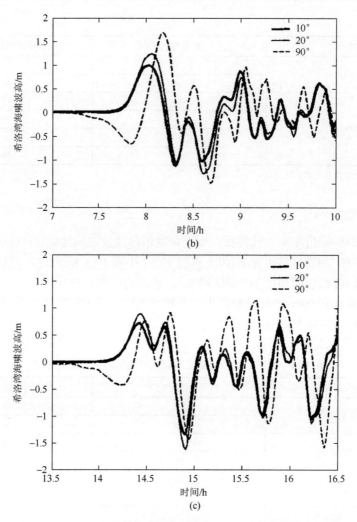

图 10.6　阿留申海沟（a）、日本海沟（b）和智利海沟（c）地震断层倾斜角度变化对希洛湾
海啸波高造成的影响

4. 走向角的效应

走向角指示断层平面的方向，可以根据余震分布范围估计。取走向角相对于参照场景的走向角的变化为 10°，比较变化后的海啸波高与参考场景的波高。阿留申海沟、日本海沟和智利海沟地层走向角的变化对希洛湾海啸波高的影响如图 10.7 所示，走向角的变化引起的平均相对海啸波高变化见表 10.5。

由图 10.7 可见，如果断层走向角变化 10°，对阿留申海沟和日本海沟地区的地震而言，不至于导致夏威夷附近场点海啸波高显著改变，然而，对智利海沟地区地震而言，则会引起希洛湾海啸波高的显著变化。这一结果表明，远场海啸波高对特定地震断层面参数的敏感性并不总是随震中位置和场点距离的增大而减小。地震断层相对于远场位置的指向，即初始海啸波能量的传播指向性，也会影响远场的海啸波高。

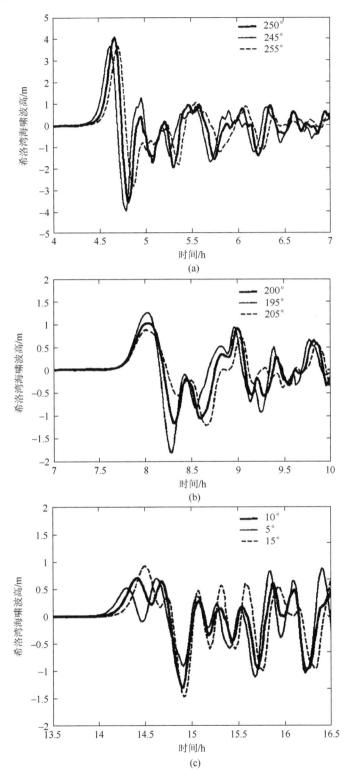

图 10.7　阿留申海沟（a）、日本海沟（b）和智利海沟（c）地震断层走向角的变化
对希洛湾海啸波高的影响

表 10.5　走向角的变化引起的平均相对海啸波高变化

震中位置	走向角变化/(°)	平均相对海啸波高变化[*]/%
阿留申海沟	245~255	12
日本海沟	195~205	19
智利海沟	5~15	84

[*]相对于最小走向角所对应的波高。

5. 断层几何尺寸的效应

断层的几何尺寸（长度和宽度）是最难确定的断层参数。根据余震估计的地震断层的变形面积经常达到大地测量估计值的两倍，断层深度和宽度的估计误差可能高达75%（Synolakis et al.，1997）。即使是研究相当深入的 1960 年智利地震，其地震断层的宽度似乎仍有不确定性。例如，Kanamori 和 Cipar（1974）给出的智利地震断层宽度值为200km，而 Geist（1999）给出的值为300km。

依据式（10.1.5），矩震级是断层几何尺寸与断层面之间平均滑动位移的函数。如果保持矩震级和断层面之间的平均滑动位移不变，而断层面长度改变，断层面宽度则需做适当的调整，以保证断层面积不变。对每一个地震海啸场景，考察断层面长度增加 50%和100%如何影响远场海啸波高。如果断层面长度增加了 50%，则其宽度需减少 33.3%，以保持矩震级和断层面之间的滑动位移不变。

模拟结果如图 10.8 和表 10.6 所示。给出了断层长度或宽度增加 100%时，位于希洛湾的场点海啸波高。结果表明，即使矩震级或断层滑动位移以及断层面积不变，断层长宽比的变化也可能非常强烈地影响远场海啸波高。一般地，增加断层长度同时减少断层宽度导致的远场海啸波高变化，强于增加断层宽度同时减少断层长度的情形。如表 10.6中数据和图 10.8 所示，长度增加 100%，宽度减少 50%，导致远场的海啸波高变化为 35%~

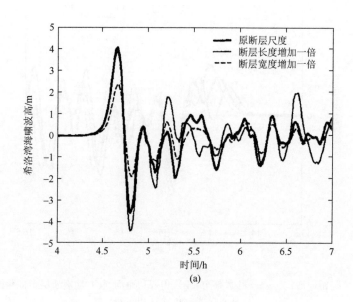

(a)

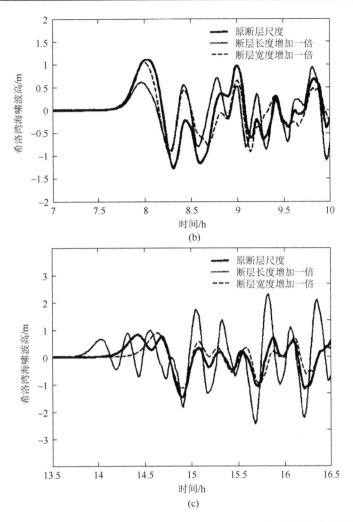

图 10.8 阿留申海沟（a）、日本海沟（b）和智利海沟（c）地震断层面尺度变化对希洛湾海啸波高的影响

46%；此外，对于智利地震海啸的情景，当地震断层的长度增加 100%，海啸前导波到达时间有一个 40min 左右的移动。这些结果表明，即使震级、震中位置、地震断层面积保持不变，地震断层长宽比的变化也可导致远场海啸波高的显著变化。对于大地震而言，地震断层宽度趋向于饱和，而长度可以不断增加，因此断层区域很可能呈狭长的形状，宽度通常不会超过 300km（Geist，1999）。

表 10.6 地震断层面长宽比的改变引起平均相对海啸波高变化

震中位置	地震断层面长宽变化	平均相对海啸波高变化[*]/%
阿留申海沟	长度增加 50%，宽度减小 33%	12
	长度增加 100%，宽度减小 50%	46
	宽度增加 50%，长度减小 33%	22
	宽度增加 100%，长度减小 50%	46

震中位置	地震断层面长宽变化	平均相对海啸波高变化[*]/%
日本海沟	长度增加 50%，宽度减小 33%	18
	长度增加 100%，宽度减小 50%	35
	宽度增加 50%，长度减小 33%	8
	宽度增加 100%，长度减小 50%	18
智利海沟	长度增加 50%，宽度减小 33%	19
	长度增加 100%，宽度减小 50%	40
	宽度增加 50%，长度减小 33%	11
	宽度增加 100%，长度减小 50%	11

[*]结果是相对于地震断层面 800km 长、200km 宽的参考情景下夏威夷 14 个近海场点的波高平均值。

6. 断层面滑动位移的效应

根据式（10.1.5），如果保持地震矩震级不变，改变地震断层的滑动位移，地震断层面积也一定相应改变，反之亦然。例如，在地震矩震级不变的条件下，若地震断层滑移位移增加一倍，那么地震断层的面积相应减少 50%。

针对三个震源分别进行模拟计算，假定各个地震断层的长度和宽度各减少 29.3%，使地震断层平面面积减少 50%，那么滑动位移需增加 100%。结果表明，平均相对海啸波高变化或远场海啸波高相对于地震断层滑动位移的敏感性，并不随着场点与源区距离的增大而减小。以智利地震海啸为例，海啸波传至夏威夷用时 14h 以上，断层滑动位移增加 100%，几乎可以使夏威夷的近海水域海啸波高翻倍。

因为要求断层滑动位移与断层面积同时改变，所以不能把远场海啸波高的变化仅仅归因于断层滑动位移的变化。例如，当断层面积改变时海啸传播的指向性也可能发生变化，这也能影响远场波高。

对滑动位移的敏感性分析结果如图 10.9 和表 10.7 所示。

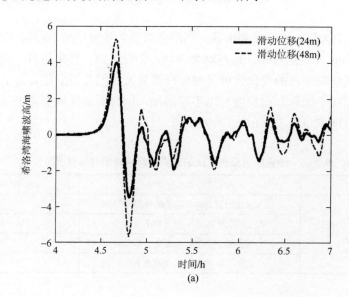

(a)

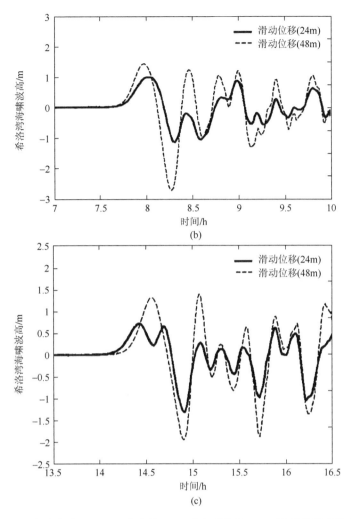

图 10.9　阿留申海沟（a）、日本海沟（b）和智利海沟（c）地震的滑动位移变化
对希洛湾海啸波高的影响

表 10.7　滑动位移变化引起的平均相对海啸波高变化

震中位置	滑动位移变化/m	平均相对海啸波高变化*/%
阿留申海沟	24～48	22
日本海沟	24～48	39
智利海沟	24～48	70

*相对于滑动位移为 24m 的情形。

7. 震源深度的效应

为检验震源深度如何影响海啸波生成，设震源深度从 10km 变化至 93km。模拟计算
结果如图 10.10 和表 10.8 所示。

如图 10.10 所示，距离较远的日本海沟、智利海沟等地区震源深度的变化，对希洛湾海啸波高没有显著的影响；然而，阿留申群岛震源深度变化可以导致希洛湾海啸波高变化达 34%。由表 10.8 可以看出，震源深度由 93km 降至 33km，海啸波高增加。这是因为如果地震发生在离地表更近的地方会产生更强的扰动，从而产生更强的海啸波。然而，值得注意的是，当震源深度变得更浅，如浅至 20km 以内，模拟计算出的海啸波高就会变得更小，之所以如此，原因并不是显而易见的。Okal（1988）的研究发现，当震源深度等于 10km，倾滑断层模型的倾角为 90°，也观察到了类似的现象。一种可能的解释是，位错理论是一种基于弹性变形的线性理论。当震源深度过浅时，地表位移可能变得更大且呈现非线性，因此线性理论将不再有效。另一种可能的解释是地震海啸生成模式的错位理论假定地球是一种均匀的物质，在现实中未必如此，特别在浅水区，往往有非均匀的分层沉积物覆盖坚硬的岩石层之上。这些都是需要进一步研究探讨的问题，对极浅震源（如震源深度 10km 上下时）的情形，应用现有的线性弹性理论时需要格外谨慎。

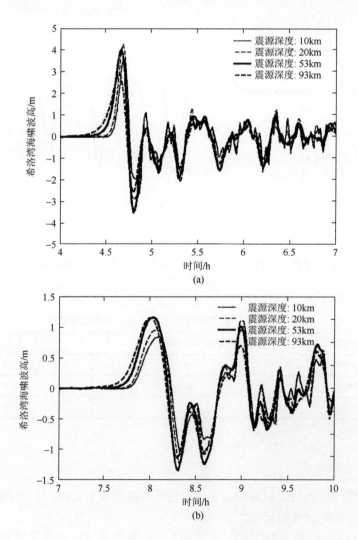

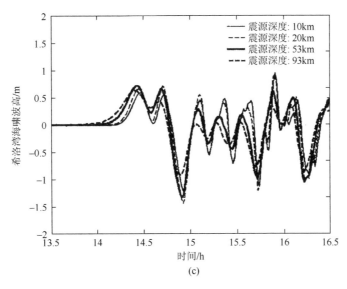

(c)

图 10.10　阿留申海沟（a）、日本海沟（b）和智利海沟（c）地震震源深度变化
对希洛湾海啸波高的影响

表 10.8　阿留申群岛地震震源深度不同导致希洛湾海啸波高的变化

震源深度/km	10	20	33	53	73	93
海啸波高/m	3.67	4.30	4.46	4.08	3.51	2.94

8. 震源与场点距离的效应

目前所得到的数值模拟结果表明，远场海啸波高除了对地震震级和震中位置敏感以外，还对地震断层的其余参数敏感。已经发现，即使是在离震源几千英里远的地方，海啸波振幅仍然会受到地震断层特定参数的影响，如受断层长宽比、断层滑动位移的影响。正如 Okal（1988）和许多其他研究者指出的，海啸最大能量辐射方向，是预测远场海啸波高需要考虑的一个重要因素。为了进一步研究远场海啸波高对地震断层参数的敏感性随距离增加所呈现的变化特征，沿着传向夏威夷的最大能量辐射方向，对日本地震海啸进行了数值模拟。地震场景与参考案例中日本海沟地震相同。沿着辐射路径，选择三个场点记录模拟的海啸波高。三个场点（图 10.2 中的三个黑点）分别位于地震震源附近、日本和夏威夷之间、夏威夷近海。

计算和比较这三个场点的海啸波高对地震断层参数的敏感性，结果见表 10.9。从这些结果中可以看出，沿着海啸最大能量辐射方向，海啸波高对地震断层参数的敏感性并不随距离增加而显著减小。这再次表明，远场海啸波高仍然受具体的地震断层参数制约，仅仅依据震级和震中位置可能不足以准确预测远场海啸波高。

表 10.9　海啸最大波高对地震断层参数的敏感性

源区	断层参数变化	场点位置	最大海啸波高变化量[*]/%
日本海沟	震中偏离 200km	源区附近	19
		大洋中途	22
		夏威夷近岸	22
	断层的长度（L）或宽度（W）变化 100%	源区附近	21/40（L/W）
		大洋中途	22/33（L/W）
		夏威夷近岸	26/30（L/W）
	断层面滑动位移变化 24～48m	源区附近	62
		大洋中途	43
		夏威夷近岸	39

*为与输入原始参数时模拟计算出的海啸波高比较。

10.6　总结与讨论

案例研究采用 COMCOT 模型进行太平洋区域远场海啸的数值模拟，考察不同地震断层参数对远场海啸波高的影响，具体地分析研究了远场海啸波高对每一地震断层参数变化的敏感性，以及对远场海啸波而言震源是否可以被视为点源，三个震源区（日本海沟、阿留申海沟和智利海沟）的地震情景被用于进行敏感性分析。

分析了海啸模型对所有地震断层参数（震中位置，滑动角，倾角，走向角，断层尺度，滑动位移和震源深度）的敏感性。模拟计算了夏威夷群岛周围的 14 个场点海啸波。表 10.10 列举了海啸波高随地震断层参数的变化特征，选取合理或经常遇到的地震断层参数，变化范围表示不确定性。

虽然研究了倾角 10°～90°变化时远场海啸波高的变化，但是实际倾角的不确定性这么大几乎是不可能的。事实上，人们通常会认为地震倾角 10°和 90°时为两种不同的事件。因此，表 10.10 中，选取倾角的不确定性为 10°，即倾角从 10°变化至 20°，认为这一变化范围是合理的。

表 10.10　震级不变条件下地震断层面参数改变导致的海啸波高变化

参数	变化范围	地震位置	最大海啸波高变化量[a]/%
滑动角	70°～110°	阿留申海沟	8[b]
		日本海沟	16[b]
		智利海沟	12[b]
倾角	10°～20°	阿留申海沟	19
		日本海沟	21
		智利海沟	26
震中位置	200km	阿留申海沟	24
		日本海沟	25
		智利海沟	15

续表

参数	变化范围	地震位置	最大海啸波高变化量 [a]/%
走向角	10°	阿留申海沟	12
		日本海沟	19
		智利海沟	84
震源深度	60km（-93～33km）	阿留申海沟	34
		日本海沟	11
		智利海沟	10
断层尺度	长度增加100%（宽度减少50%）	阿留申海沟	46（22）
		日本海沟	35（8）
		智利海沟	40（11）
滑动位移	24～48m	阿留申海沟	22
		日本海沟	39
		智利海沟	70

注：a表示在夏威夷选定的14个沿海特定场点，先导波波高的最大相对变化平均值；b表示以滑动角70°为参照，滑动角在70°～110°之间变化，先导波波高改变。

三个震区研究结果皆表明，夏威夷附近近海区域的远场海啸波高对地震断层滑动角、倾角和震中位置的变化不敏感，这也证实了Geist（1999）、Titov等（1999）先前预测的部分结果：远场海啸波高可能不受某些地震断层参数的影响。然而通过考察所有地震断层面参数的效应，也有了一些新的发现。具体地说就是，断层的尺寸、滑动位移和走向角都对远场海啸波高有十分强烈的影响，即使场点距离源区达几千英里之远亦如此。此外，远场海啸波高对某些地震断层参数包括走向角、断层尺寸和滑移位移的敏感性，似乎没有随着场点与源区距离的增加而减小。这表明即使对于数千英里以外的沿海地区来说，地震也不可视为仅由震级和震中位置表示的点源。分析研究结果发现，当震源深度极浅，如小于20km时，地震触发海啸的线性位错理论可能不适用。

研究结果显示，一般情况下，震级相同，滑动角、倾角、震中位置和震源深度在合理范围变化，震源深度对远场场点海啸波高的影响不显著，而断层尺寸、走向角和地震位错的变化会引起远场场点海啸波高的显著变化。这表明当地震海啸源与远场场点之间的距离增大时，远场海啸波高对断层面尺寸、地震位错大小和走向等地震参数的敏感性并不总是减小。这些结果表明地震信息对于海啸准确的预测非常重要，对于数千英里以外的场点也是如此，即便对远场海啸而言，地震海啸数值模拟也不可将触发海啸的地震简单地视为点源，仅关注震中位置和震级。

地震海啸是一个非常复杂的自然现象。由于现有测量所有地震参数技术的限制，对某些地震参数也只能通过经验公式进行了估计。本章介绍的研究结果，有助于量化不同地震断层参数对海啸生成的影响，当某些地震断层参数未知而必须近似取值时，有助于估计地震海啸预测的精度。

第11章 不确定性分析：全域敏感性分析案例

第 10 章研究案例采用的是局域敏感性分析方法，也就是说，为分析地震海啸数值模型的数值模拟输出结果对输入参数的敏感性特征，每次只假定一个输入参数发生变化，而同时保持其他输入参数不变［在震级和地震断层面滑移量保持不变，要求地震断层的长度和宽度的变化必须匹配以满足式（10.1.5）的情形下的处理，就方法的实质而论，也可归为局域敏感性分析］。实际上，地震海啸数值模型的多个输入参数可能都具有不确定性，会同时都发生变化。为全面揭示地震海啸数值模型的输出结果对输入参数的敏感性特征，更为准确地追索输出结果不确定性的来源，应考虑采用全域敏感性分析方法。

本章介绍地震海啸危险性分析不确定性的全域敏感性分析方法研究案例，依据 8.4 节给出的技术路线进行。

11.1 近岸特定场点和研究区域选取

选取近岸浅水区域 6 个特定场点，分别用 B1～B6 表示。B1：邻近高雄，位于 22.6°N，120.2°E，水深 47m；B2：邻近香港，位于 22.2°N，114.7°E，水深 38m；B3：邻近湛江，位于 20.9°N，111°E，水深 28m；B4：邻近三亚，位于 18.2°N，109.8°E，水深 57m；B5：邻近中沙群岛，位于 16.2°N，114.7°E，水深 25m；B6：南沙群岛，位于 12°N，117.1°E，水深 47m。

选取南海及邻域作为海啸数值模拟区域（图 11.1）。

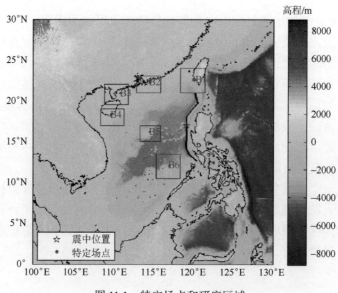

图 11.1 特定场点和研究区域

11.2　界定潜在地震海啸源区

2006 年经美国地质调查局海啸源研究组研究推断，南海及其邻域存在 3 个风险较高的潜在地震海啸源区，分别为马尼拉俯冲带、琉球俯冲带和苏拉威西俯冲带，其中马尼拉海沟俯冲带是三者中最具危险性的潜在海啸源区（图 11.2）。过去的 100 多年时间内，马尼拉海沟区域及邻域没有记录到超过 7.6 级的地震，Liu 等（2009）认为这意味着未来有可能发生更大震级的地震，通过分析地震海啸数值模拟结果，推测一旦发生大的地震海啸，可能致使中国大陆东南沿海地区和中国台湾沿海地区成灾。Megawati 等（2009）通过分析地震和大地测量等方面数据建立地震破裂模型，推测马尼拉海沟具备发生 9 级地震的危险。他们以 9 级地震作为输入参量进行的海啸数值模拟结果表明，马尼拉海沟区域如发生 9 级地震触发的海啸将会严重危及菲律宾沿海地区、中国南部沿海地区和越南沿海地区。

鉴于上述，选取马尼拉海沟俯冲带为研究案例的地震海啸源区。Liu 等（2009）研究表明，能够对中国大陆东南沿海及中国台湾地区造成威胁的主要是马尼拉海沟俯冲带断裂带的 E1、E2 和 E3 段发生的地震所触发的海啸（Liu et al., 2009；Wang and Liu, 2006a, 2006b）。案例研究选取位于马尼拉海沟俯冲带中部的 E3 断裂段为潜在地震海啸源区。

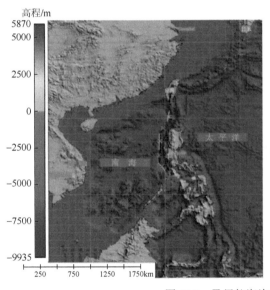

图 11.2　马尼拉海沟俯冲带断裂带分段

据 Liu 等（2009）表 2 改绘

11.3　地震海啸源参数赋值及不确定性分析

11.3.1　潜在地震海啸源参数的赋值

根据 Liu 等（2009）给出的各个断裂带的中点位置、断层面尺度参数及震中分布图等资料，推断 E3 断裂段的范围是 15.9°N～18.1°N，118.5°E～121°E（图 11.3）。

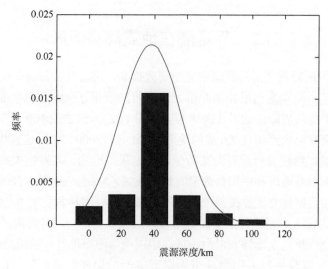

图 11.3　震源深度频率直方图

除震级、震源深度和断层面滑动角三个参数以外，其余海啸源参数沿用 Liu 等（2009）
中的取值（表 11.1）。

表 11.1　潜在地震海啸源参数取值

震中经度	震中纬度	断层长/km	断层宽/km	走向/(°)	倾角/(°)
119.3°E	17°N	240	35	359	28

11.3.2　震级重现水平、震源深度、断层面滑动角的不确定性分析

选取潜在地震海啸源参数中的震级、震源深度、断层面滑动角为敏感性分析参数。
分析三个参数的不确定性特征，确定三个参数的取值范围和分布形式。

参考 6.6 节基于广义帕累托分布获得的马尼拉海沟俯冲带的震级重现水平估计结果，
确定震级参数的取值范围和分布形式，作为方法示例，仅选用重现周期为 200 年的震级
重现水平估计及方差（震级重现水平为 $M_W7.9$，方差 0.06，），设定震级重现水平（用符
号 z 表示）符合的正态分布函数为 $z\sim N(7.9, 0.06)$。

为对震源深度参数的不确定性进行分析，根据美国地质调查局（USGS）1900～2015 年
地震资料中的 E3 断层段位于区域 15.9°N～18.1°N，118.5°E～121°E，0～100km 震源深度
数据，绘制震源深度的频率直方图，根据其形状推断震源深度分布近似符合正态分布函数。
通过震源深度数据的拟合，得到震源深度（用符号 h 表示）的近似分布（图 11.3）为
$h\sim N(37.7146, 18.6419)$。

根据震源机制解资料分析断层的错动方式和类型。自 1976～2015 年美国哈佛大学全
球地震矩张量数据，检索出 1976～2015 年间研究区范围 10°N～22°N，116°E～124°E 的

震源机制解数据，绘制出 $M_W \geqslant 6.0$ 地震震源机制解分布图（图 11.4）。可以看出，研究区域的地震断层主要为逆冲型，同时有部分走滑型和正断型。这不仅从总体上反映了马尼拉海沟俯冲带不同部位的应力环境，而且反映出在马尼拉海沟俯冲带的一些部位容易发生应力场的转换，使断层由逆冲型转变为走滑型或正断型（朱俊江等，2005）。

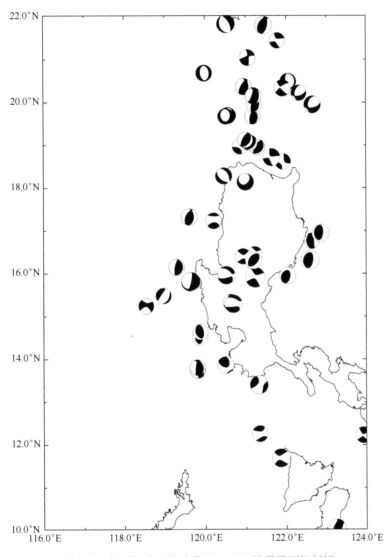

图 11.4　马尼拉海沟俯冲带 $M_W \geqslant 6.0$ 地震震源机制解

　　选取逆冲型地震矩心矩张量数据，依据断层的走向及倾角选择破裂面，得到滑动角数据。由于滑动角数据较少，从统计分析的滑动角频率直方图（图 11.5）不能很好地判断其分布类型，故近似处理，假设滑动角（用符号 w 表示）分布形式符合均匀分布 $w \sim U(58, 98)$。

　　案例研究选取的震级重现水平、震源深度、断层面滑动角分布函数见表 11.2。

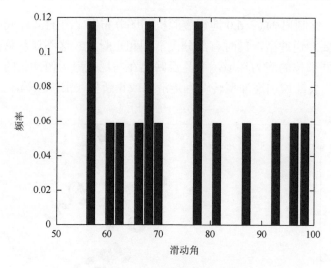

图 11.5　滑动角频率直方图

表 11.2　潜在地震海啸源参数取值范围和分布形式

源参数	震级重现水平	震源深度	断层面滑动角
分布形式	$z \sim N(7.9, 0.06)$	$h \sim N(37.7146, 18.6419)$	$w \sim U(58, 98)$

11.4　地震海啸数值模拟

11.4.1　模型选取和网格嵌套设置

选用 COMCOT 模型。该模型根据海啸在不同区域的传播特点和要求，控制方程可以在线性浅水波和非线性浅水波控制方程中选择，两类方程都有直角坐标和球面坐标的形式，分别适用于不同情况下的海啸数值模拟。当海啸数值模拟的区域为大洋和海域的深水区域，如果范围较大，则应考虑地球曲率的影响，可选球坐标线性控制方程，如果区域较小则可选用直角坐标控制方程；当对近岸浅水区域进行模拟时，需要考虑海底对海水运动的摩擦作用，应选择非线性方程（Wang, 2009）。

模拟计算采用两层网格嵌套。海啸数值模拟采用的地形数据取自美国地质调查局（USGS）地理数据库中 ETOPO1，第一层网格区域为 0°N～30°N，100°E～130°E，精度选为 3′，第二层网格为包含 6 个特定场点 6 个矩形区域，分别为：B1（21.5°N～23.5°N，119°E～121°E）、B2（21°N～23°N，113°E～116°E）、B3（19.5°N～22°N，109°E～112°E）、B4（17°N～19°N，108.5°E～111.5°E）、B5（15°N～17°N，113.5°E～116°E）、B6（11°N～13°N，116°E～118°E），第二层网格精度为 1′。

第一层网格选用球坐标线性浅水波控制方程：

$$\frac{\partial \eta}{\partial t} + \frac{1}{R\cos\varphi}\left\{\frac{\partial P}{\partial \psi} + \frac{\partial}{\partial \varphi}\left(\cos\varphi Q\right)\right\} = -\frac{\partial h}{\partial t}$$

$$\frac{\partial P}{\partial t} + \frac{gh}{R\cos\varphi}\frac{\partial \eta}{\partial \psi} - fQ = 0$$

$$\frac{\partial Q}{\partial t} + \frac{gh}{R}\frac{\partial \eta}{\partial \varphi} + fP = 0$$

第二层网格选用直角坐标非线性浅水波控制方程：

$$\frac{\partial \eta}{\partial t} + \left\{\frac{\partial P}{\partial x} + \frac{\partial Q}{\partial y}\right\} = -\frac{\partial h}{\partial t}$$

$$\frac{\partial P}{\partial t} + \frac{\partial}{\partial x}\left\{\frac{P^2}{H}\right\} + \frac{\partial}{\partial y}\left\{\frac{PQ}{H}\right\} + gH\frac{\partial \eta}{\partial x} + F_x = 0$$

$$\frac{\partial Q}{\partial t} + \frac{\partial}{\partial x}\left\{\frac{PQ}{H}\right\} + \frac{\partial}{\partial y}\left\{\frac{Q^2}{H}\right\} + gH\frac{\partial \eta}{\partial y} + F_y = 0$$

式中，η 为相对于平均海平面的自由表面位移；R 为地球半径；φ、ψ 为经纬度；P、Q 为沿经纬度方向单位宽度的体积通量；H 为水深；f 为科里奥利力系数；g 为重力加速度；H 为 $\eta + H$ 的总水深；F_x、F_y 分别为 x、y 方向的底摩擦力，通过曼宁公式计算得到：

$$F_x = \frac{gn^2}{H^{7/3}}P(P^2 + Q^2)^{1/2}$$

$$F_y = \frac{gn^2}{H^{7/3}}Q(P^2 + Q^2)^{1/2}$$

式中，n 为曼宁粗糙系数，在近岸区域通常取值 0.025～0.03。

11.4.2　海啸数值模拟试验

潜在地震海啸源参数设置如下：震中位置为 119.3°E，17.0°N，断层长为 240km，宽为 35km，断层走向 359°，倾角 38°，其余参数利用敏感性分析参数采样时得到的第一组样本数据，其中震级为 7.88，震源深度为 31.8km，滑动角为 73°；剪切模量 μ 取 $3.0\times10^{10}\mathrm{N/m^2}$；曼宁粗糙系数 n 取 0.03；模拟时长为 5h，时间间隔为 5s。

进行海啸数值模拟试验，重现地震海啸情景。图 11.6 为海啸波初始位移 [图 11.6（a）] 和地震海啸发生 1h、2h、3h、4h 和 5h 最大海啸波高分布 [图 11.6（b）～图 11.6（f）]。图 11.7 为各个特定场点海啸波高随时间变化曲线。

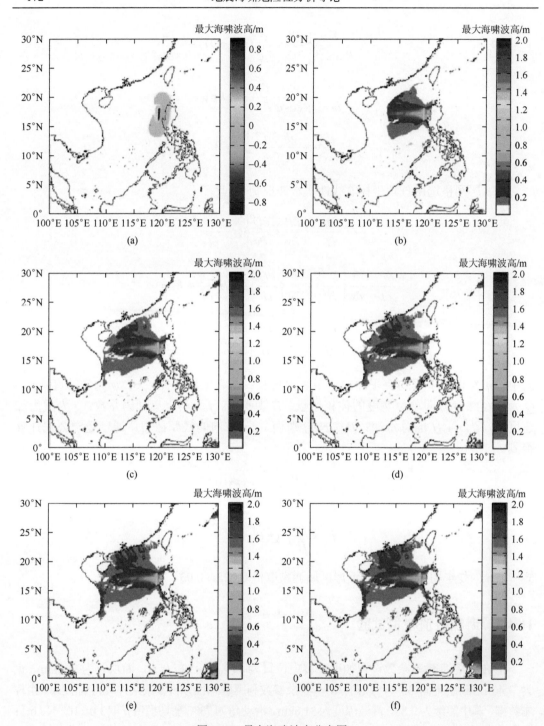

图 11.6　最大海啸波高分布图

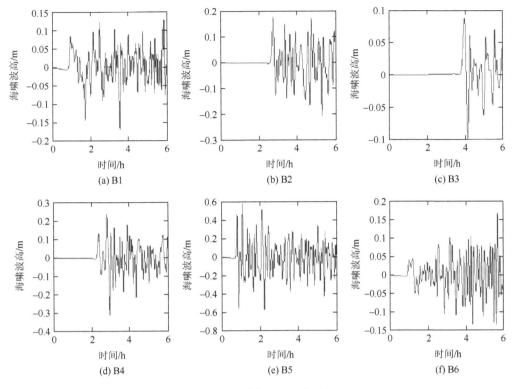

图 11.7　海啸波高随时间变化曲线

11.5　敏感性定性分析

11.5.1　定性分析

本节就地震海啸危险性（以特点场点重现周期为 200 年的最大海啸波高重现水平表示）对震级重现水平、震源深度、断层面滑动角三个潜在地震海啸源参数的敏感性进行定性分析。采用 8.2.2.1 节介绍的敏感性分析的 Morris 方法，基于上文给出的三个参数的取值范围和分布形式，进行 4 轨道 4 水平采样得到 16 组采样样本（表 11.3）。利用震级与位错之间经验关系

$$M_{\mathrm{W}} = \frac{2}{3} M_0 - 6.03$$

$$M_0 = \mu L W \overline{D}$$

计算与表 11.3 中抽样所得重现周期为 200 年的震级重现水平相对应的位错，其中 M_0 为地震矩；$\overline{D}$ 为平均位错；μ 为剪切模量，取 $3.0 \times 10^{10} \mathrm{N/m^2}$；$L$ 为断层的长，取 240km；W 为断层的宽，取 35km。其结果见表 11.4。

表 11.3　潜在地震海啸源参数抽样样本

样本	轨道 1	轨道 2	轨道 3	轨道 4
1	(7.88, 31.79, 73)	(7.88, 43.64, 63)	(7.97, 16.34, 93)	(7.83, 59.09, 63)
2	(7.88, 31.79, 93)	(7.88, 43.64, 83)	(7.88, 16.34, 93)	(7.92, 59.09, 63)
3	(7.97, 31.79, 93)	(7.97, 43.64, 83)	(7.88, 16.34, 73)	(7.92, 31.79, 63)
4	(7.97, 59.09, 93)	(7.97, 16.34, 83)	(7.88, 43.64, 73)	(7.92, 31.79, 83)

表 11.4　震级重现水平估计值对应的位错

震级重现水平/M_W	7.83	7.88	7.92	7.97
位错/m	2.82	3.35	3.82	4.54

将潜在地震海啸源各组参数样本分别输入 COMCOT 模型进行海啸数值模拟,得到对应于 16 组样本的海啸数值模拟结果,从中提取各个场点的最大海啸波高(表 11.5a,表 11.5b)。

表 11.5a　场点 B1、B2、B3 最大海啸波高　　　（单位：m）

样本	B1				B2				B3			
	轨道 1	轨道 2	轨道 3	轨道 4	轨道 1	轨道 2	轨道 3	轨道 4	轨道 1	轨道 2	轨道 3	轨道 4
1	0.126	0.089	0.289	0.070	0.179	0.174	0.279	0.136	0.088	0.088	0.106	0.073
2	0.134	0.097	0.221	0.092	0.171	0.173	0.207	0.183	0.091	0.095	0.077	0.098
3	0.176	0.130	0.213	0.138	0.230	0.233	0.196	0.200	0.122	0.128	0.076	0.095
4	0.098	0.288	0.094	0.147	0.201	0.276	0.176	0.202	0.124	0.108	0.093	0.104

表 11.5b　场点 B4、B5、B6 最大海啸波高　　　（单位：m）

样本	B4				B5				B6			
	轨道 1	轨道 2	轨道 3	轨道 4	轨道 1	轨道 2	轨道 3	轨道 4	轨道 1	轨道 2	轨道 3	轨道 4
1	0.474	0.359	0.789	0.228	0.589	0.404	1.104	0.249	0.168	0.105	0.340	0.054
2	0.408	0.384	0.505	0.365	0.629	0.457	0.865	0.327	0.175	0.117	0.254	0.072
3	0.624	0.570	0.550	0.521	0.822	0.589	0.814	0.613	0.235	0.157	0.243	0.177
4	0.382	0.740	0.379	0.542	0.436	1.085	0.437	0.696	0.095	0.338	0.113	0.197

基于表 11.5a 和表 11.5b 中潜在地震海啸源参数的采样样本对应各组样本的各个特定场点最大海啸波高数据,采用 Morris 方法,利用式(8.2.1)～式(8.2.3),计算出 6 个特定场点地震海啸危险性对震级重现水平、震源深度及断层面滑动角的敏感性指标,即各参数基本效应的均值（μ）和方差（σ）,结果见表 11.6 和图 11.8。

表 11.6　特定场点最大海啸波高基本因素的均值和方差

参数	B1		B2		B3		B4		B5		B6	
	μ	σ	μ	σ	μ	σ	μ	σ	μ	σ	μ	σ
z	0.082	0.040	0.120	0.021	0.060	0.007	0.411	0.123	0.320	0.141	0.102	0.058
h	0.200	0.099	0.055	0.024	0.021	0.020	0.369	0.077	0.773	0.172	0.278	0.064
w	0.017	0.002	0.011	0.009	0.009	0.008	0.078	0.041	0.114	0.036	0.026	0.011

注：z 表示震级重现水平，h 表示震源深度，w 表示断层面滑动角。

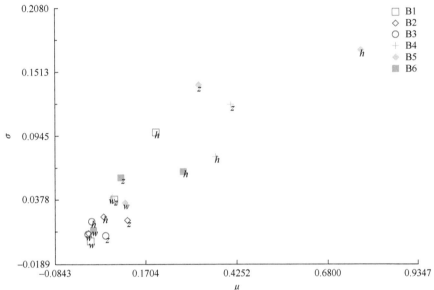

图 11.8　Morris 方法敏感性分析结果

z 表示震级重现水平，h 表示震源深度，w 表示断层面滑动角

11.5.2　定性分析结论

由表 11.6 中数据和图 11.8 可以看出：

（1）中国东南沿海 3 个特定场点，即邻近香港的 B2 点、邻近湛江的 B3 点，邻近三亚 B4 点，震级重现水平、震源深度、断层面滑动角基本效应的均值均依次递减，表明这三个场点的地震海啸危险性对潜在地震海啸源参数的敏感性由大到小依次为震级重现水平、震源深度、断层面滑动角。

（2）邻近高雄的特定场点 B1 点、邻近中沙群岛的特定场点 B5 点和邻近南沙群岛的特定场点 B6 点，震源深度、震级重现水平、断层面滑动角基本效应的均值均依次递减，表明这三个点的地震海啸危险性对震源深度最为敏感，其次为震级重现水平，再次为断层面滑动角。

（3）对海啸危险性不确定性的影响，在所有 6 个特定场点，震级重现水平、震源深度、断层面滑动角这三个参数都表现出非线性效应和存在相互作用效应。然而，对不同的特定场点而言，在对场点海啸危险性不确定性影响程度上，三个参数相互之间的关联特征即相互作用效应不同。

（4）对于邻近中沙群岛的特定场点 B5 点和邻近三亚的特定场点 B4 点，震级重现水平非线性效应相对明显，而且与其他参数的相互作用效应相对显著。其余 4 个特定场点震源深度非线性效应相对明显，与其他参数之间的非线性效应相对显著。

11.6　敏感性定量分析

11.6.1　定量分析

本节就地震海啸危险性对震级重现水平、震源深度、断层面滑动角三个潜在地震海啸源参数的敏感性进行定量分析。

仍依据上文给出的地震震级重现水平、震源深度、断层面滑动角三个参数的取值范围和分布形式（表 11.2），采用 8.2.2.2 小节介绍的敏感性分析 E-FAST 方法，利用 Simlab（https://onlinelibrary.wiley.com/doi/abs/10.1002/0470870958.ch7）中的程序进行蒙特卡洛采样，得到 195 组样本。与上文定性分析中的做法相同，利用震级与位错之间经验关系，计算与抽样所得震级重现水平相对应的位错。其余潜在地震海啸源参数包括震中位置、断层长度和宽度、断层走向、倾角仍依据表 11.1 取值，剪切模量 μ 取 $3.0 \times 10^{10} \, N / m^2$。海啸传播控制方程的选取、海底地形数据、模拟计算区域、特定场点位置和网格嵌套形式选取与 11.5 节相同。将潜在地震海啸源各组参数样本输入 COMCOT 模型，进行地震海啸数值模拟计算，得到对应于 195 组潜在地震海啸源参数样本的海啸数值模拟结果，从中提取出各个特定场点的最大海啸波高。

针对潜在地震海啸源参数的样本数据和对应各组样本的各个特定场点最大海啸波高数据，采用 E-FAST 方法，计算出各个特定场点地震海啸危险性对震级重现水平、震源深度及断层面滑动角的敏感性指标，即各参数的主效应指标 S_i 和全效应指标 S_i^T，结果见表 11.7、图 11.9 和图 11.10。

表 11.7　特定场点地震海啸危险性对潜在地震海啸源参数的敏感性指标

参数	B1		B2		B3		B4		B5		B6	
	S_i	S_i^T	S_i	S_i^T	S_i	S_i^T	S_i	S_i^T	S_i	S_i^T	S_i	S_i^T
z	0.113	0.339	0.703	0.867	0.499	0.618	0.511	0.629	0.194	0.266	0.162	0.284
h	0.367	0.901	0.115	0.465	0.417	0.626	0.377	0.542	0.809	0.901	0.780	0.930
w	0.032	0.266	0.033	0.202	0.030	0.079	0.225	0.462	0.095	0.155	0.058	0.152

注：z 表示震级重现水平，h 表示震源深度，w 表示断层面滑动角。

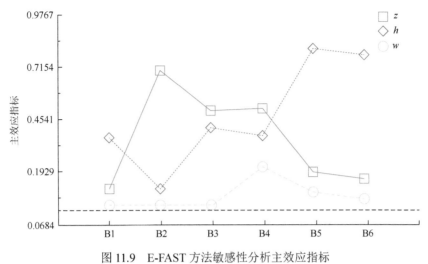

图 11.9　E-FAST 方法敏感性分析主效应指标

z 表示震级重现水平，h 表示震源深度，w 表示断层面滑动角

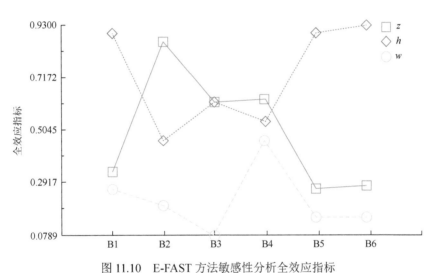

图 11.10　E-FAST 方法敏感性分析全效应指标

z 表示震级重现水平，h 表示震源深度，w 表示断层面滑动角

11.6.2　定量分析结论

由表 11.7、图 11.9 和图 11.10 可以看出：

（1）对中国东南沿海 3 个特定场点邻近香港的 B2 点，邻近湛江的 B3 点，邻近三亚的 B4 点而言，震级重现水平、震源深度、断层面滑动角的主效应指标值依次递减，表明这些场点地震海啸危险性，对潜在地震海啸源参数的敏感性由大到小依次为震级重现水平、震源深度、断层面滑动角，对震级重现水平最为敏感，三个场点的震级重现水平的主效应指标分别为 0.703、0.499 和 0.511。

（2）台湾南部近岸邻近高雄的场点 B1 点、邻近中沙群岛的场点 B5 点及邻近南沙群岛的场点 B6 点，地震海啸危险性对震源深度最为敏感，三个场点的震源深度主效应指标为 0.367、0.809 和 0.780，其次为震级重现水平，再次为断层面滑动角。

（3）主效应与全效应的大小差异体现各个潜在地震海啸源参数之间在不同特点场点对海啸危险性不确定性的影响均存在非线性效应。对比各场点潜在地震海啸源参数的主效应指标和全效应指标的大小可知，各个潜在地震海啸源参数之间在不同特点场点对海啸危险性不确定性的影响均存在非线性效应，即存在参数之间的相互作用，但对不同的特定场点而言，在影响场点地震海啸危险性不确定性上，潜在地震海啸源参数之间的关联特征不同，即相互作用的程度不同。

（4）潜在地震海啸源参数对各场点地震海啸危险性分析结果的全效应指标和主效应指标排序一致。

11.7 总结与讨论

本研究案例，选取要进行敏感性分析的潜在地震海啸源参数，包括震级重现水平、震源深度和断层面滑动角三个参数，对其不确定性特征进行分析，近似地确定了三个参数的取值范围和分布形式。根据对马尼拉海沟俯冲带的震源深度数据进行拟合效果，选取震源深度的近似分布形式为 $h{\sim}N(37.7, 18.6)$。基于对地震断层面滑动角统计分析的结果，假定其服从均匀分布 $w{\sim}U(58, 98)$。震级重现水平参数的选取，则是利用马尼拉海沟俯冲带地震活动性广义帕累托模型，估计震级重现水平，确定其取值范围和分布形式，选取 200 年震级重现水平估计及方差，得到震级重现水平的分布为 $z{\sim}N(7.9, 0.06)$。其他地震海啸源参数沿用 Liu 等（2009）的取值。

用蒙特卡洛随机采样方法，得到震级重现水平、震源深度和断层面滑动角的参数样本，利用得到的多组潜在地震海啸源参数样本作为地震海啸数值模式的输入变量，完成地震海啸数值模拟。利用模拟结果，分别选用具有全域敏感性分析功能的 Morris 方法和 E-FAST 方法，就特定场点的地震海啸危险性对潜在地震海啸源参数的敏感性，进行了定性和定量分析。

研究结果表明，利用 Morris 方法和 E-FAST 方法得出的特定场点地震海啸危险性对潜在地震海啸源参数的敏感性分析结果总体趋势一致：对于邻近香港的 B2 点、邻近湛江的 B3 点和邻近三亚的 B4 点，地震海啸危险性对震级重现水平最为敏感，其次是震源深度，再次是断层面滑动角；对邻近高雄的 B1、邻近中沙群岛的 B5 和邻近南沙群岛的 B6 点，地震海啸危险性则对震源深度最为敏感，其次为震级重现水平，再次为断层面滑动角；各个潜在地震海啸源参数之间对不同特点场点地震海啸危险性的不确定性影响均存在非线性效应，即存在参数之间的相互作用，但对不同的特定场点而言，在影响地震海啸危险性不确定性上，潜在地震海啸源参数之间相互作用的程度不同。

本案例研究体现出，采用 Morris 方法，计算量小，得到的是敏感性定性分析结果，而采用 E-FAST 方法，计算量大，但能得到敏感性定量分析结果，基于输入参数的主效应指标和全效应指标，可以定量地表征地震海啸源单一输入参数的不确定性以及多个参数不确定性之间的交互效应对地震海啸危险性不确定性的影响。

作为全域敏感性分析示例，尽管本章的案例研究仅分析了地震海啸危险性对震级重现水平、震源深度和断层面滑动角三个参数的敏感性特征，而未涉及对震中位置、断层走向、倾角及断层的长度和宽度等参数的敏感性分析，但亦显示出与局域敏感性分析方法相比，在揭示地震海啸危险性不确定性的来源上，以及在探寻输入参量不确定性对输出参量不确定性的影响机制上全域敏感性分析方法所具有的优越性。

参 考 文 献

陈建涛, 叶春明. 2010. 建立南海地震海啸监测预警系统的构思. 华南地震, 30 (z1): 145-152.

陈凌, 刘杰, 陈颙, 等. 1998. 地震活动性进行分析中余震的删除. 地球物理学报, 41 (S1): 244-252.

陈培善, 林邦慧. 1973. 极值理论在中长期地震预报中的应用. 地球物理学报, 16 (1): 6-24.

陈颙. 2005. 海啸的物理. 物理, 34 (3): 171-175.

陈颙, 陈棋福. 2005. 印尼地震海啸及其相关的地球物理现象. 地球物理学进展, 20 (1): 112-117.

陈运泰. 2014. 从苏门答腊-安达曼到日本东北: 特大地震及其引发的超级海啸的启示. 地学前缘, 21(1): 120-131.

陈运泰, 杨智娴, 许力生. 2005. 海啸、地震海啸与海啸地震. 物理, 34 (12): 864-872.

陈志豪, 李家彪, 吴自银, 等. 2009. 马尼拉海沟几何形态特征的构造演化意义. 海洋地质与第四纪地质, 29 (2): 59-65.

丁一汇, 朱定真. 2013. 中国自然灾害要览（上、下卷）. 北京: 北京大学出版社.

范时清, 成国栋, 林玉海. 1982. 东部海洋地震及其形成原因研究//海洋地质研究室. 黄东海地质. 北京: 科学出版社: 30-42.

高焕臣, 闵庆方. 1994. 渤海地震海啸发生的可能性分析. 海洋预报, 11 (1): 63-66.

高继宗. 2005. 地震海啸的成因和分布. 中国减灾, (1): 30.

高孟潭. 1986. 地震危险性分析方法概述. 国际地震动态, (11): 10-13.

高孟潭, 贾素娟. 1988. 极值理论在工程地震中的应用. 地震学报, 10 (3): 317-326.

高祥林. 2003. 琉球海沟的构造和运动特征. 地球物理学进展, 18 (2): 293-301.

胡聿贤. 1990. 地震危险性分析中的综合概率法. 北京: 地震出版社.

胡聿贤. 1999. 地震安全性评价技术教程. 北京: 地震出版社.

蒋德才. 1992. 海洋波动动力学. 青岛: 中国海洋大学出版社.

蒋溥, 戴丽思. 1993. 工程地震学概论. 北京: 世界知识出版社.

雷土成, 欧秉松. 1991. 台湾海峡及其邻近地区的地震海啸与海溢. 应用海洋学学报, (3): 264-270.

李家彪, 金翔龙, 阮爱国, 等. 2004. 马尼拉海沟增生楔中段的挤入构造. 科学通报, 49(10): 1000-1008.

李乃胜. 2000. 西北太平洋边缘海地质. 哈尔滨: 黑龙江教育出版社.

刘双庆. 2008. 海啸近场特征与海啸触发源之间的定性定量关系分析. 兰州: 中国地震局兰州地震研究所硕士学位论文.

梅强中. 1984. 水波动力学. 北京: 科学出版社.

潘华, 鄢家全. 1995. 潜在震源区概念的界定. 国际地震动态, (9): 1-5.

潘华, 李金臣. 2016. 新一代地震区划图的地震活动性模型. 城市与减灾, (3): 28-33.

钱小仕, 王福昌, 曹桂荣, 等. 2012. 广义极值分布在地震危险性分析中的应用. 地震研究, 35(1): 73-78.

钱小仕, 王福昌, 盛书中. 2013. 基于广义帕累托分布的地震震级尾部分布特征分析. 地震学报, 35 (3): 341-350.

任鲁川, 薛艳. 2007. 我国沿海地区地震海啸危险性的初步估计//中国地震台网中心. 中国地震趋势预测研究（2007 年度）. 北京: 地震出版社.

任鲁川, 洪明理. 2012. 地震海啸危险性分析研究进展. 防灾科技学院学报, 14 (2): 9-14.

任鲁川, 薛艳, 简春林, 等. 2009. 南海北缘海啸波高对潜在海啸源震级偏差的敏感性. 中国地震, 25 (2):

186-192.

任鲁川，霍振香，洪明理. 2014. 耦合潜源参数不确定性效应的地震海啸危险性分析-原理与方法. 海洋
　　预报，31（6）：7-13.

任晴晴，钱小仕，赵玲玲，等. 2013. 中国大陆活动地块边界带最大震级分布特征研究. 地震，33（3）：
　　67-76.

任叶飞. 2007. 基于数值模拟的我国地震海啸危险性分析研究. 哈尔滨：中国地震局工程力学研究所硕士
　　学位论文.

任叶飞，杨智博，温瑞智，等. 2015. 地震海啸数值模拟中海洋水深数据的敏感性. 自然灾害学报，
　　24（2）：15-22.

阮爱国，李家彪，黎明碧，等. 2003. 马尼拉俯冲带的地震学特征. 杭州：海底科学战略研讨会论文集：
　　78-86.

史道济. 2006. 实用极值统计方法. 天津：天津科学技术出版社.

田建伟，任鲁川，刘哲，等. 2015. 近岸场点地震海啸危险性对潜源参数敏感性排序方法. 南宁：第十七
　　届中国海洋（岸）工程学术讨论会论文集（下）.

田建伟，刘哲，任鲁川. 2017. 基于广义帕累托分布的马尼拉海沟俯冲带地震危险性估计. 地震，37（1）：
　　158-165.

王斌，翁衡毅. 1981. 地球物理流体动力学导论. 北京：海洋出版社.

王锋，刘昌森，章振铨. 2005. 中国古籍中的地震海啸记录. 中国地震，21（3）：437-443.

王培涛，赵联大，于福江，等. 2011. 海啸灾害数值预报技术研究现状. 海洋预报，28（3）：74-79.

王培涛，于福江，赵联大，等. 2012. 2011年3月11日日本地震海啸越洋传播及对中国影响的数值分析.
　　地球物理学报，55（9）：3088-3096.

王培涛，于福江，赵联大，等. 2013. 温州瓯江口浅滩地区越洋海啸影响评估计算. 海洋预报，30（4）：
　　18-26.

王述功，梁瑞才，王勇，等. 1998. 冲绳海槽北段的重磁场特征及地质意义. 海洋地质与第四纪地质，
　　18（4）：9.

温瑞智，任叶飞. 2007. 我国地震海啸危险性分析方法研究. 世界地震工程，23（1）：6-11.

温瑞智，任叶飞，周正华，等. 2008. 越洋海啸的数值模拟. 地震工程与工程振动，28（4）：28-34.

温瑞智，任叶飞，李小军，等. 2011. 我国地震海啸危险性概率分析方法. 华南地震，31（4）：1-13.

温燕林，刘双庆，朱元清，等. 2011. 琉球海沟发生罕遇地震下我国东南沿海地区的海啸危险性研究. 贵
　　阳：中国地震学会第四届地震流体专业委员会成立暨2011年学术年会.

温燕林，赵文舟，李伟，等. 2014. 日本南海海槽发生罕遇地震情况下我国华东沿海的海啸危险性研究. 地
　　震学报，36（4）：651-661.

温燕林，于海英，朱艾澜，等. 2016. 设定琉球海沟发生罕遇地震评估我国东南沿海地区的海啸风险. 地
　　震工程学报，38（2）：285-291，317.

吴云岗，陶明德. 2011. 水波动力学基础. 上海：复旦大学出版社.

谢毓寿，蔡美彪. 1983. 中国地震历史资料汇编. 北京：科学出版社.

谢毓寿等. 1985. 中国地震历史资料汇编. 北京：科学出版社.

徐伟进,高孟潭. 2012. 根据截断的G-R模型计算东北地震区震级上限. 地球物理学报,55(5):1710-1717.

薛艳，朱元清，刘双庆，等. 2010. 地震海啸的激发与传播. 中国地震，26（3）：283-295.

杨华庭，田素珍，叶琳，等. 1994. 中国海洋灾害四十年资料汇编（1949-1990）. 北京：海洋出版社.

杨马陵，魏柏林. 2005. 南海海域地震海啸潜在危险的探析. 灾害学，20（3）：41-46.

姚远，蔡树群，王盛. 2007. 海啸波数值模拟的研究现状. 海洋科学进展，25（4）：489-494.

叶琳. 1994. 中国的地震海啸及其预警服务. 自然灾害学报，3（1）：100-103.

叶琳，于福江，吴玮. 2005. 我国海啸灾害及预警现状与建议. 海洋预报，22（z1）：147-157.

于福江，王培涛，赵联大，等. 2011a. 2010 年智利地震海啸数值模拟及其对我国沿海的影响分析. 地球
　　物理学报，54（4）：918-925.

于福江，原野，赵联大，等. 2011b. 2010 年 2 月 27 日智利 8.8 级地震海啸对我国影响分析. 科学通
　　报，56（3）：239-246.

张锟，任鲁川，田建伟，等. 2016. 基于广义极值理论的潜在地震海啸源震级上限及强震重现水平的估
　　计-以琉球海沟俯冲带为例. 中国地震，32（4）：702-709.

张训华. 2008. 中国海域构造地质学. 北京：海洋出版社.

章在墉，冯时庆. 1996. 地震危险性分析及其应用. 上海：同济大学出版社.

赵联大，徐志国，王培涛，等. 2014. 2014 年 4 月 2 日智利海啸数值模拟与分析. 海洋预报，31（6）：1-6.

周本刚，陈国星，高战武，等. 2013. 新地震区划图潜在震源区划分的主要技术特色. 震灾防御技术，
　　8（2）：113-124.

周斌，张英凯，李继训. 2000. 渤海及邻区地震地质、地球物理场和地震活动特征. 西北地震学报，
　　22（3）：333-340.

朱俊江，丘学林，詹文欢，等. 2005. 南海东部海沟的震源机制解及其构造意义. 地震学报，27（3）：260-268.

Annaka T，Satake K，Sakakiyama T，et al. 2007. Logic-tree Approach for Probabilistic Tsunami Hazard
　　Analysis and its Applications to the Japanese Coasts. Pure and Applied Geophysics，164（2-3）：577-592.

Berry D S，Sales T W. 1962. An elastic treatment of ground movement due to mining—III three dimensional
　　problem，transversely isotropic ground. Journal of the Mechanics & Physics of Solids，10（1）：73-83.

Budnitz R J，Apostolakis G，Boore D M. 1997. Recommendations for probabilistic seismic hazard analysis：
　　guidance on uncertainty and use of experts. Office of Scientific & Technical Information Technical
　　Reports.

Chinnery M A. 1961. The deformation of the ground around surface faults. Bulletin of the Seismological
　　Society of America，51（3）：355-372.

Chinnery M A .1963. The stress changes that accompany strike-slip fauting. Bulletin of the Seismological
　　Society of America，53（5）：921-932.

Chinnery M A. 1965. The vertical displacements associated with transcurrent faulting. Journal of Geophysical
　　Research，70（18）：4627-4632.

Choi B H，Hong J，Pelinovsky E. 2001. Simulation of prognostic tsunamis on the Korean Coast. Geophysical
　　Research Letters，28（10）：2013-2016.

Coles S. 2001. An introduction to statistical modeling of extreme values. London：Springer-Verlag.

Cornell C A. 1967. Enginerring seismic risk analysis. Bulletin of the Seismological Society of America，
　　58（5）：1583-1606.

Cosentino P，Ficarra V，Luzio D. 1977. Truncated exponential frequency-magnitude relationship in earthquake
　　statistics. Bulletin of the Ssmological Society of America，67（6）：1615-1623.

Cukier R I，Fortuin C M，Shuler K E，et al. 1973. Study of the sensitivity of coupled reaction systems to
　　uncertainties in rate coefficients. Theory of Chemical Physics，59（8）：3873-3878.

Cukier R I，Levine H B，Schuler K E. 1978. Nonlinear sensitivity analysis of multiparameter model systems.
　　Journal of Computational Physics，26（1）：1-42.

Dao M，Tkalich P. 2007. Tsunami propagation modeling-a sensitivity study. Natural Hazards & Earth System
　　Sciences，7（6）：741-754.

Dengler L. 2002. Tsunami：the underrated hazard. Seismological Research Letters，73（1）：93-94.

Edison G，Michelle H T，Liu P，et al. 2007.Sensitivity analysis of source parameters for earthquake-generated distant tsunamis.Journal of Waterway, Port, Coastal, and Ocean Engineering, 133: 6 (429).

Fryer G J, Watts P, Pratson L F. 2004. Source of the great tsunami of 1 April 1946: a landslide in the upper Aleutian forearc. Marine Geology, 209 (1-4): 363-369.

Geist E L. 1999. Local tsunamis and earthquake source parameters. Advances in Geophysics, 39: 117-198.

Geist E L. 2001. Modeling the natural complexity of local tsunamis. California: ITS 2001 Proceedings, Session 7, Number 7-5: 751-758.

Geist E L. 2002. Complex earthquake rupture and local tsunamis. Journal of Geophysical Research Atmospheres, 107 (B5): 1-15.

Geist E L. 2005. Local Tsunami hazards in the pacific northwest from cascadia subduction zone earthquakes. U.S. Geological Survey Professional Paper, 1661-B: 1-21.

Geist E L, Parsons T. 2006. Probabilistic analysis of tsunami hazards. Natural Hazards, 37 (3): 277-314.

Geist E L, Lynett P J. 2014. Source processes for the probabilistic assessment of tsunami hazards. Oceanography, 27 (2): 86-93.

Gica E, Teng M, Liu P L F, et al. 2007. Sensitivity analysis of source parameters for Earthquake-generated distant tsunamis. Journal of Waterway, Port, Coastal and Ocean Engineering, 133 (6): 429-441.

Grilli S T, Loualalen M, Asavanant J, et al. 2007. source constraints and model simulation of the December 26, 2004, Indian Ocean Tsunami. Journal of Waterway, Port, Coastal and Ocean Engineering, 133 (6): 414-428.

Gutenberg B, Richter C F.1944. Frequency of earthquakes in California. Bulletin of the Seismological Society of America, 34 (4): 185-188.

Hanks T C, Kanamori H. 1979. A moment magnitude scale. Journal of Geophysical Research, 84 (B5): 2348-2350.

Iwasaki T, Sato R. 1979. Strain field in a semi-infinite medium due to an inclined rectangular fault. Journal of Physics of the Earth, 27 (4): 285-314.

Jansen M J W, Rossing W A H, Daamen R A. 1994. Monte Carlo estimation of uncertainty contributions from several independent multivariate sources//Grasman J, van Straten G. Predictability and Nonlinear Modelling in Natural Sciences and Economics. Dordrecht: Kluwer Academic Publishers.

Johnson J M. 1998. Heterogeneous coupling along Alaska-Aleutians as inferred from tsunami, seismic and geodetic inversions. Advances in Geophysics, 39: 1-116.

Kagan Y Y. 2002. Seismic moment distribution revisited: I. Statistical Results. Geophysical Journal International, 148 (3): 520-541.

Kanamori H, Cipar J J. 1974. Focal process of the great Chilean earthquake May 22, 1960. Physics of the Earth & Planetary Interiors, 9 (2): 128-136.

Kijko A. 2004. Estimation of the maximum earthquake magnitude, mmax. Pure and Applied Geophysics, 161 (8): 1655-1681.

Kirby S H, Wartman J, Choy G L, et al. 2010. Large off-trench earthquakes and their tsunami potentials//Lee W H K, Kirby S H, Diggles M F. Program and Abstracts of the Second Tsunami Source Workshop: July 19-20, 2010. Reston: USGS Tsunami Source Working Group.

Kirby S, Geist E, Lee W H K, et al. 2005. Tsunami Source Characterization for Western Pacific Subduction Zones, A Preliminary Report. USGS Tsunami Subduction Source Working Group.

Knighton J, Bastidas L A. 2015. A proposed probabilistic seismic tsunami hazard analysis methodology. Natural Hazards, 78 (1): 699-723.

Lee W H K, Kirby S H, Diggles M F. 2010. Program and Abstracts of the Second Tsunami Source Workshop:

July 19-20，2010. Reston：USGS Tsunami Source Working Group.

Liu P L F，Cho Y S，Yoon S B，et al. 1994. Numerical simulations of the 1960 Chilean tsunami propagation and inundation at Hilo，Hawaii//El-Sabh M. Recent development in tsunami research. Dordrecht：Kluwer Academic.

Liu P L F，Cho Y S，Briggs M J，et al. 1995. Runup of solitary waves on a circular island. Journal of Fluid Mechinics，302：259-285.

Liu P L F，Woo S B，Cho Y S. 1998. Computer programs for tsunami propagation and inundation. Ithaca，N.Y：Technical Report of Cornell University.

Liu P L F，Wang X，Andrew J S. 2009. Tsunami hazard and early warning system in South China Sea. Journal of Asian Earth Sciences，36（1）：2-12.

Liu Y C，Santos A，Wang S M，et al.2007. Tsunami hazards along Chinese coast from potential earthquakes in South China Sea.Physics of the Earth and Planetary Interiors，163（1）：233-244.

Mansinha L，Smylie D E. 1971. The displacement fields of inclined faults. Bulletin of the Seismological Society of America，61（5）：1433-1440.

Maruyama T. 1964. Static elastic dislocations in an infinite and semi-infinite medium. Bulletin of the Earthquake Research Institute，University of Tokyo，42（2）：289-368.

Megawati K，Shaw F，Sieh K，et al. 2009. Tsunami hazard from the subduction megathrust of the South China Sea：Part I. Source characterization and the resulting tsunami.Journal of Asian Earth Sciences，36（1）：13-20.

Morris M D. 1991. Factorial sampling plans for preliminary computational experiments. Technometrics，33（2）：161-174.

Okada Y.1985. Surface deformation due to shear and tensile faults in a half-space：Bulletin of the Seismological Society of America，75（4）：1135-1154.

Okada Y. 1992. Internal deformation due to shear and tensile faults in a half-space. Bulletin of the Seismological Society of America，82（2）：1018-1040.

Okal E A. 1988. Seismic parameters controlling far-field tsunami amplitude：a review. Natural Hazards，1（1）：67-96.

Petersen M D，Cramer C H，Frankel A D. 2002. Simulations of seismic hazard for the Pacific Northwest of the United States from earthquakes associated with the Cascadia Subduction Zone. Pure & Applied Geophysics，159（9）：2147-2168.

Pisarenko V F，Sornette D. 2003. Characterization of frequency of extreme earthquake events by the generalized pareto.Characterization Distribution，160（12）：2343-2364.

Pisarenko V F，Sornette A，Sornette D，et al. 2008. New approach to the characterization of M_{max} and of the tail of the distribution of earthquake magnitudes. Pure and Applied Geophysics，65（5）：847-888.

Press F. 1965. Displacements strains and tilts at teleseismic distances. Journal of Geophysical Research，70（10）：2395-2412.

Reid H F. 1910. The Mechanics of the Earthquake，The California Earthquake of April 18，1906，Report of the State Investigation Commission，Vol.2. Washington，D.C.：Carnegie Institution of Washington.

Ren Y，Wen R，Zhou B，et al. 2010. Deterministic analysis of tsunami hazard in China. Science of Tsunami Hazards，29（1）：32-42.

Rikitake T，Aida I. 1988. Tsunami hazard probability in Japan. Bulletin of the Seismological Society of America，78（3）：1268-1278.

Robert A D，Stephan T，James T K. 2006. Tsunamis and Challenge for Accurate Modeling. Oceanography，19（1）：142-151.

Robert H S. 2008. Introduction to Physical Oceanography. College Station: Texas A & M University.

Sakai T, Takeda T, Soraoka H, et al. 2006. Development of a Probabilistic Tsunami Hazard Analysis in Japan//International Conference on Nuclear Engineering. New York: American Society of Mechanical Engineers.

Saltelli A, Tarantola S, Chan P S. 1999. A quantitative model-independent method for global sensitivity analysis of model output. Technometrics, 41 (1): 39-56.

Saltelli A, Tarantola S, Campolongo F. 2004. Sensitivity analysis in practice. Chichester: John Wiley &Sons.

Satake K, Tanioka Y. 1999. Sources of tsunami and tsunamigenic earthquakes in subduction zones. Pure and Applied Geophysics, 154: 467-483.

Sato R. 1989. Handbook of earthquake fault parameters in Japan. Kajima: Kajima Institute Publishing.

Sato R, Matsura M. 1974. Strains and tilts on the surface of a semi-infinite medium. Journal of Physics of the Earth, 22 (2): 213-221.

Shao G F, Li X Y, Ji C, et al. 2011. Focal mechanism and slip history of the 2011 M_w9.1 off the Pacific coast of Tohoku earthquake, constrained with teleseismic body and surface waves. Earth, Planets and Space, 63 (7): 559-564.

Shuto N. 1991. Numerical Simulation of Tsunamis—Its Present and Near Future. Natural Hazards, 4 (2-3): 171-191.

Sobol I M. 1990. Sensitivity estimates for nonlinear mathematical models. Institute for Mathematical Modelling, 2 (1): 16-28.

Steketee J A. 1958. On volterra's dislocations in a semi-infinite elastic medium. Canadian Journal of Physics, 36 (2): 192-205.

Synolakis C, Liu P L F, Carrier G, et al. 1997. Tsunamigenic seafloor deformations. Science, 5338: 598-600.

Titov V V, Synolakis C E. 1998. Numerical modeling of tidal wave runup. Journal of Waterway Port Coastal and Ocean Engineering, 124 (4): 157-171.

Titov V V, Gonzales F I, Mofjeld H O, et al. 1999. Offshore forecasting of Alaska-Aleutian subduction zone tsunamis in Hawaii. NOAA Technical Memorandum No. ERL PMEL-114. Seattle: National Oceanic and Atmospheric Administration.

Titov V V, Rabinovich B A, Mofjeld H O, et al. 2005. The Global Reach of the 26 December 2004 Sumatra Tsunami. Science, 309 (5743): 2045-2048.

Wang D, Becker N C, Walsh D, et al. 2012. Real-time forecasting of the April 11, 2012 Sumatra tsunami. Geophysical Research Letters, 39 (19): 19601.

Wang X. 2009. User manual for COMCOT version 1.7. New Zealand: Institute of Geological &Nuclear Science.

Wang X, Liu F. 2006a. An analysis of 2004 Sumatra earthquake fault plane mechanisms and Indian Ocean tsunami. Journal of Hydraulic Research, 44 (2): 147-154.

Wang X, Liu F. 2006b. Preliminary Study of Possible Tsunami Hazards in Taiwan Region. Ithaca: Cornell University.

Wei G, Kirby J T. 1995. Time-Dependent numerical code for extended Boussinesq Equations. Journal of Waterway Port Coastal & Ocean Engineering, 121 (5): 251-261.

Wei Y, Chamberlin C, Titov V V, et al. 2013. Modeling of the 2011 Japan tsunami: lessons for near-field forecast. Pure& Applied Geophysics, 170 (6-8): 1309-1331.

Wei Y, Newman A V, Hayes G P, et al. 2014. Tsunami forecast by joint inversion of real-time tsunami waveforms and seismic or GPS data: application to the Tohoku 2011 tsunami. Pure & Applied

Geophysics，171（12）：3281-3305.

Whiteside L S，Dater D T，Dunbar P K，et al. 2000. Earthquake seismicity catalog，Vols. 1 and 2，CD-ROM. Boulder，Colo：National Geographical Data Center，National Oceanic and Atmospheric Administration.

Wu T R，Huang H C. 2009. Modeling tsunami hazards from Manila trench to Taiwan. Journal of Asian Earth Sciences，36（1）：21-28.

Yamashita T，Sato R.1974. Generation of tsunami by a fault model. Journal of Physics of the Earth，22（4）：415-440.

Yanagisawa K，Imamura F，Sakakiyama T，et al. 2007. Tsunami Assessment for Risk Management at Nuclear Power Facilities in Japan. Pure & Applied Geophysics，164（2-3）：565-576.

Yolsal S，Taymaz T. 2010. Sensitivity analysis on relations between earthquake source rupture parameters and far-field tsunami waves：case studies in the Eastern Mediterranean Region. Turkish Journal of Earth Sciences，19（3）：313-349.

Zhou Q，Adams W M. 1988. Tsunami risk analysis for China. Natural Hazards，1（2）：181-195.

附录 A 敏感性分析的 Morris 方法

A.1 方 法 简 介

Morris 方法是由 Morris（1991）提出的一种定性全域敏感性分析的方法。Morris 方法能定性评价系统输入因子不确定性对输出不确定性的影响，包括：①是否可忽略；②是否具有线性特征和可加性特征；③是否具有非线性特征；④输入因子间是否有交互作用。

A.2 基 本 效 应

方法的基础在于对基本效应（elementary effect）分析。

假设模型输入因子是 k 维向量 X，其分量 X_i 按比例在集合 $\{0, 1/(p-1), 2/(p-1), \cdots, 1\}$ 中取值，这样实验区域 Ω 就被划分成为一个 k 维 p 级的网格。第 i 个输入因子的基本效应定义如下：

$$d_i(x) = \frac{\left[y(x_1, \cdots, x_{i-1}, x_i + \Delta, x_{i+1}, \cdots, x_k) - y(x) \right]}{\Delta} \tag{A.1}$$

对于每个指标 $i, i = 1, \cdots, k$，要使变换点 $(x + e_i \Delta)$ 仍在 Ω 内，其中 e_i 是第 i 个分量为一个单位其余分量为 0 的向量。

通过对 Ω 内不同的 x 进行随机抽样，得到与第 i 个输入因子相关的基本效应的有限分布 F_i，其元素总数为 $p^{k-1}[p - \Delta(p-1)]$。如图 A.1 所示，假设 $k = 2$，$p = 5$，$\Delta = 1/4$，则 F_i 有 20 个元素。输入因子的基本效应是用坐标 X_i 中的相对距离为 Δ 的两点输出值计算得出的。

Morris 方法的设计如下：首先为向量 x 随机选择一个"基向量" x^*，其每个分量 x_i 从集合 $\{0, 1/(p-1), 2/(p-1), \cdots, 1\}$ 中采样。x^* 用于生成其他采样点，自身不在其中。第一个采样点 $x^{(1)}$ 是通过增加 x^* 的一个或多个 Δ 分量得到，增加 x^* 的分量要保证 $x^{(1)}$ 仍在 Ω。第二个采样点也是从 x^* 生成，其属性不同于 $x^{(1)}$ 的是第 i 个分量增加或减少 Δ，指标 i 从集合 $\{1, 2, \cdots, k\}$ 中随机选择，记为 $x^{(2)} = (x_1^{(1)}, \cdots, x_{i-1}^{(1)}, x_i^{(1)} \pm \Delta, x_{i+1}^{(1)}, \cdots, x_k^{(1)}) = (x^{(1)} \pm e_i \Delta)$。第三个采样点 $x^{(3)}$ 也是从 x^* 生成的，x^* 的 k 个分量中一个或多个增加 Δ，对于 $j \neq i$，$x^{(3)}$ 和 $x^{(2)}$ 仅仅第 j 分量不同，$x_j^{(3)} = x_j^{(2)} + \Delta$，或者 $x_j^{(3)} = x_j^{(2)} + \Delta$。继续上面的做法，产生 $(k+1)$ 个采样点 $x^{(1)}, x^{(2)}, \cdots, x^{(k+1)}$ 的序列。"基向量" x^* 的任何分量至少被选择增加 Δ 一次，以便能实现每个输入因子的基本效应的计算。

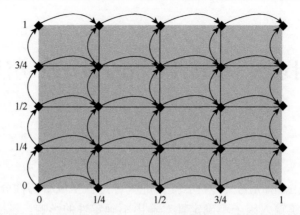

图 A.1　二维输入空间（$k=2$）五层网格（$p=5$）的表示

Δ 的值是 1/4。每个箭头表示计算一个基本效应所需的点对。水平箭头标识相对于 x_1 的 20 个基本效应，而垂直箭头标识相对于 x_2 的 20 个基本效应

采样点 $x(1),x(2),\cdots,x(k+1)$ 的序列定义了输入空间中轨迹（trajectory），同时定义了一个维数 $(k+1)\times k$ 的称为方向矩阵（orientation matrix）的 B^*，其行为向量为 $x(1),x(2),\cdots,x(k+1)$。图 A.2 给出了 $k=3$ 时的轨迹示例。

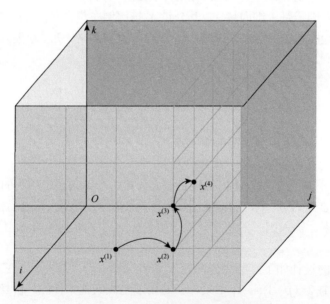

图 A.2　$k=3$ 时输入因子空间的轨迹示例

构建了轨迹，就可以计算出每个参数 $i(i=1,\cdots,k)$ 的基本效应。如果 $x^{(l)}$ 和 $x^{(l+1)}$，$l\in\{1,\cdots,k\}$，是第 i 个分量的两个不同采样点与参数 i 相关的基本效应，当 $x^{(l)}$ 的第 i 个分量增加 Δ，有

$$d_i(x^{(l)})=\frac{\left[y(x^{(l+1)})-y(x^{(l)})\right]}{\Delta} \tag{A.2a}$$

当 $x^{(l)}$ 的第 i 个分量减 Δ，有

$$d_i(x^{(l)}) = \frac{\left[y(x^{(l)}) - y(x^{(l+1)}) \right]}{\Delta} \qquad (A.2b)$$

对应于输入空间中以 $x^{(l)}$ 为起点的 k 步轨迹，方向矩阵 B^* 为每个输入因子提供了单一的基本效应。方向矩阵的具体构建方法可参考文献 Morris（1991）和 Saltelli 等（2004）。

A.3　敏感性分析指标

上述实验设计的目标是估计分布 F_i 及其绝对值 G_i 的均值和标准差，$i = 1, \cdots, k$。为此，必须从每个 F_i 中随机选择 r 个元素的样本，从而自动提供对应的属于 G_i 的 r 个元素的样本。样本提取对应于输入空间中的 r 个不同轨迹，需要独立生成 r 个方向矩阵。每个轨迹都有一个随机产生的不同的起始点。由于一个方向矩阵提供一个输入因子的基本效应，所以对于每个 F_i，所有 r 个矩阵提供 k 个 r 维样本。

这种采样方法的一个特点是，属于同一轨迹的点是不独立的，但每个 F_i 采样的 r 个点属于不同的轨迹，因此它们是独立的。这显然也适用于 G_i。因此，每个 F_i 和 G_i 分布的均值和标准差可以用与独立随机样本相同的估计量来估计，即

$$u = \sum_{i=1}^{r} d_i / r \qquad (A.3)$$

$$\sigma = \sqrt{\sum_{i=1}^{r} (d_i - u)^2 / r} \qquad (A.4)$$

式中，r 为采样个数；d_i $(i = 1, \cdots, r)$ 为由 F_i（如果取 d_i 的绝对值，则是由 G_i）采样得到的 r 个基本效应。

Morris 提出两个敏感性指标：F_i 平均值 μ 和标准差 σ。如果分布 F_i 包含负元素，模型非单调计算平均值时，输入因子的基本效应会相互抵消，致使 Morris 方法对输入因子进行排序失效。为避免低估输入因子的重要性，有必要同时考虑 μ 和 σ 的值，因为具有不同符号的基本效应（相互抵消）的参数 μ 的值较低，但 σ 的值则相对较大。为了同时用两种敏感性指标解释结果，Morris 建议采用图形表示法，将每个基本效应样本的估计平均值和标准偏差显示在 (σ, μ) 平面上。

Saltelli 等（2004）提出分析基本效应绝对值 G_i 的分布，用分布 G_i 的平均值 μ^* 和 F_i 的标准偏差 σ 作为敏感性的指标，μ^* 用于检测对输出有重要整体影响的输入因子，σ 用于检测与其他参数相互作用或其影响为非线性的输入因子。

如果分布 F_i 的平均值高，则意味着不仅该输入因子对输出有很大的影响，而且这种影响的符号总是相同的。如果 F_i 的均值低，而 G_i 的均值高，则表明输入因子在不同空间点计算的基本效应具有不同符号。

　　为了检验输入因子相互作用的影响，也可以使用 Morris 提出的方法，考察分布 F_i 的标准偏差。其意义的直观解释如下：假设对于参数 x_i，我们得到一个很高的 σ 值。这意味着相对于该参数的基本效应彼此之间存在显著差异，即基本效应强烈地受到计算它时的输入空间中点的选择影响，即受到其他参数值的选择影响。相反，较低的 σ 值表示基本效应的非常相似的值，这意味着 x_i 的基本效应几乎独立于其他输入因子。

　　综上所述，如果 F_i 的标准差较高，说明该输入因子对输出的影响是非线性的，或者该输入因子对输出的影响与其他输入因子之间有交互作用；为了按照重要性对输入因子进行排序，建议使用 μ^*，因为它提供了估计因素重要性的一个整体指标，值越大表明该输入因子的不确定性对输出结果不确定性的影响程度就越大。

附录 B　基于输出方差分解的敏感性分析方法

B.1　方 法 简 介

20 世纪 70 年代末，Cukier 等（1978）提出了基于一阶效应的敏感性分析的条件方差，而且已经意识到需要处理高阶项和潜在的方差分解定理，但没有给出高阶指数的计算方法。他们提出的方法被称为快速傅里叶振幅敏感性测试。Saltelli 等（2004）建议使用方差作为不确定性的总度量，给出了基于方差分解的敏感性分析方法。

基于方差分解的敏感性分析方法有以下鲜明特点：

（1）具有模型普适性，即敏感性度量适用于各类模型；

（2）具有捕捉每个输入因子在其全部变化范围的影响的功能；

（3）具有评价输入因子之间的交互效应的功能；

（4）具有处理不同类型输入因子的功能，具有不确定性的输入因子属于不同的逻辑类型时，也可以分解其不确定性。

B.2　因子的优先级设置

假设输入因子 X 在其取值范围内自由变化，模型输出 $y = f(X)$ 对应的不确定性通过其无条件方差 $V(y)$ 量化。

优先级设置指：根据输入因子 X_i 取值固定时导致输出方差所减少的量，对因子进行排序，即根据 $V(Y \mid X_i = x^*)$（输入因子 X_i 固定为实值 x^*，而其他输入因子保持变化时输出的方差）对输入因子进行排序。需要注意到，对于特定值的 x^*，$V(Y \mid X_i = x^*)$ 甚至可能大于 $V(Y)$。

我们也可以对输出的方差进行归一化，得到 $V(Y \mid X_i = x^*) / V(Y)$，问题是不知道每个 X_i 的 x^* 取值。为此，可以考虑对 X_i 的所有取值的方差的平均值 $E[V(Y \mid X_i)]$，详细的形式为 $E_{X_i}[V_{X_{-i}}(Y \mid X_i)]$，其中 X_{-i} 表示除 X_i 因子外的所有输入因子，然后选出该值最小的因子。

假设 $V(Y)$ 是常数，$V(Y) = V[E(Y \mid X_i)] + E[V(Y \mid X_i)]$，则 $E[V(Y \mid X_i)]$ 取最小值等价于 $V[E(Y \mid X_i)]$ 取最大值。

B.3　固定因子设置

当两个因子对 Y 的影响不能用它们对 Y 的单个影响的总和来表示时，我们说这两个因子有交互作用。交互作用可能意味着输出 Y 的极端值与模型输入的特定组合唯一地联系在一起，而这种联系不是由一阶效应 S_i（单一因子的效应）所能描述的。有交互作用是一些模型的重要特征。交互作用也比一阶效应更难检测。

当输入因子正交时，在 Sobol 等（1990）提出的一般方差分解方案中，可以得到条件方差 $V[V(Y|X_i)]$ 和 $V[E(Y|X_i,X_r)]$。具有 k 个输入因子模型的总输出方差 $V(Y)$ 分解为

$$V(Y) = \sum_i V_i + \sum_i \sum_{j>i} V_{ij} + \cdots + V_{12,\cdots,k} \tag{B.1}$$

其中

$$V_i = V(E(YV_i = V[E(Y|X_i)]$$
$$V_{ij} = V(E(YV_{ij} = V[E(Y|X_i,X_j)] - V_i - V_j$$
$$V_{ijm} = V(E(YV_{ijm} = V[E(Y|X_i,X_j,X_m)] - V_{ij} - V_{im} - V_{jm} - V_i - V_j - V_m$$

其余可类推。V_i 为输入因子 x_i 对模型输出总方差 $V(y)$ 的影响程度；V_{ij} 为模型输出 y 对参数 x_i 和 x_j 交互作用的方差，它反映了参数 x_i 和 x_j 之间的交互作用对模型输出 y 的影响。类似地，$V_{ijk} \sim V_{12,\cdots,n}$ 反映了参数间的交互作用对模型输出 y 的影响。输入因子没有交互作用的模型被称为具有可加性的模型。$E[V(Y|X_{-i})]$ 表示 X_{-i} 未知时输出所保留的平均方差。Jansen 等（1994）称 $E[V(Y|X_{-i})]$ 为"底部边际方差"（bottom marginal variances），类似地，称 $V[E(Y|X_i)]$ 为"最高边际方差"（top marginal variances）。容易看出，当 $E[V(Y|X_{-i})]$ 值最高的因子未固定取值，而其他因子取值都是固定的时候，输出保留最大的方差。如果 X_i 没有任何影响，固定 X_{-i} 也固定了 Y，那么 $V(Y|X_{-i})$ 将等于零。更重要的是，$V(Y|X_{-i})$ 对 X_i 的平均值，即 $E[V(Y|X_{-i})]$ 同样为零。另外，如果 $E[V(Y|X_{-i})]$ 等于零，$V(Y|X_{-i})$ 也一定等于零，因为它不可能取负值。如果发生这种情况，则 X_i 对 Y 完全无影响。因此，X_i 可以固定在其不确定性范围内的任意值，而不影响输出的无条件方差 $V(Y)$ 的值。总之，无论输入因子是否正交，输出方差 $V(Y)$ 都可以用 X_i 和 X_{-i} 的条件方差分解

$$V(Y) = V[E(Y|X_i)] + E[V(Y|X_i)] \tag{B.2}$$
$$V(Y) = V[E(Y|X_{-i})] + E[V(Y|X_{-i})] \tag{B.3}$$

归一化为

$$1 = \frac{V[E(Y|X_i)]}{V(Y)} + \frac{E[V(Y|X_i)]}{V(Y)} \tag{B.4}$$
$$1 = \frac{V[E(Y|X_{-i})]}{V(Y)} + \frac{E[V(Y|X_{-i})]}{V(Y)} \tag{B.5}$$

从第一次分解的第一项我们可以得到

$$S_i = \frac{V[E(Y|X_i)]}{V(Y)} \tag{B.6}$$

被称为 X_i 对 Y 的一阶效应或主效应。一阶指标表示各输入因子对输出方差的主效应贡献。而从第二次分解的第二项我们可以得到

$$S_i^T = \frac{E[V(Y|X_{-i})]}{V(Y)} = 1 - \frac{V[E(Y|X_{-i})]}{V(Y)} \tag{B.7}$$

被称为 X_i 对 Y 的总效应。总效应指数是指因子 X_i 对产出变化的总贡献，即一阶效应加上交互作用产生的所有高阶效应。

B.4 E-FAST 方法原理

E-FAST 方法是 Saltelli 等（2004）等结合 Sobol（1990）和傅里叶振幅灵敏度检验法的优点提出的一种基于方差分解的全域敏感性定量分析方法。该方法将模型的敏感性分为单个输入因子的敏感性及参数间交互作用的敏感性。单个参数独立作用的敏感性用主效应指标表示，参数总体敏感性（单个参数的敏感性和与其他参数间交互作用的敏感性）用总效应指标衡量。

主效应 S_i 指标表示参数 x_i 独自对模型输出总方差的直接贡献率，其取值范围落在[0, 1]区间，可依据其大小对输入因子的重要度进行排序。

总效应 S_i^T 指标表示输入因子 x_i 对模型输出的总体影响，包括了该输入因子对模型输出的直接影响及其与其他输入因子的交互效应。S_i^T 的值越大，说明因子的不确定性对模型输出结果不确定性的直接和间接总体影响越大。因此我们可以通过主效应指标与全效应指标的差异来判断输入因子与其他输入因子是否有交互作用。

综上所述，主效应指标和全效应指标是我们分析模型输入因子（或各组参数）对输出的直接影响及各个因子（或各组参数）的交互效应常用的两种敏感性指标。E-FAST 方法是一种可以同时计算这两种敏感性指标的常用的敏感性试验方法。它具有独立于模型（不要求模型具有线性或单调性），并能处理输入因子不同取值范围和不同分布形状对分析结果的影响等优点。

具体的计算方法可参考文献 Cukier 等（1973，1978）和 Saltelli 等（1999）。